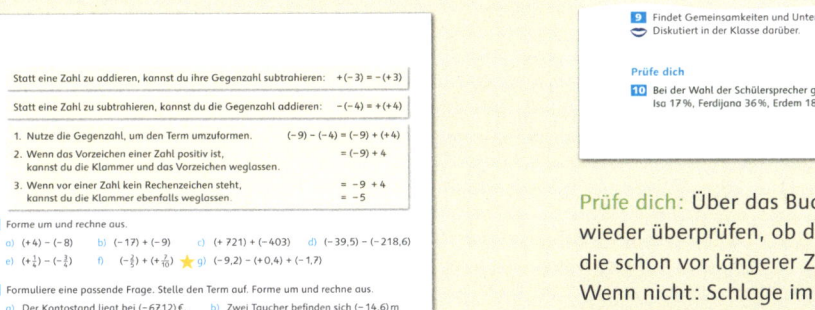

9 Findet Gemeinsamkeiten und Unterschiede beim Erweitern und Kürzen von Brüchen.
Diskutiert in der Klasse darüber.

Prüfe dich

10 Bei der Wahl der Schülersprecher gab es folgende Stimmenverteilung:
Isa 17 %, Ferdijana 36 %, Erdem 18 %, Justin 29 %. Erstelle ein Streifendiagramm.

21

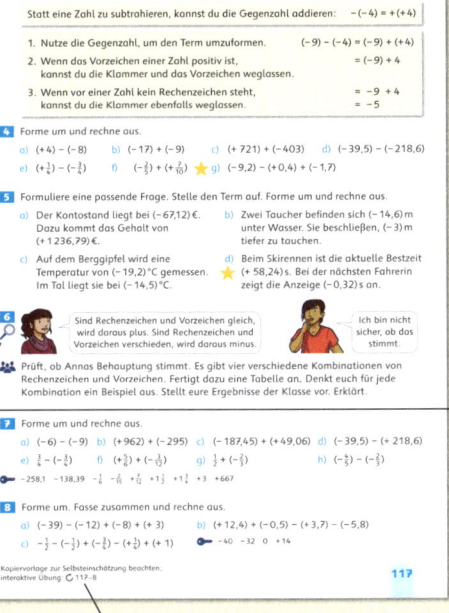

Statt eine Zahl zu addieren, kannst du ihre Gegenzahl subtrahieren: $+(-3) = -(+3)$

Statt eine Zahl zu subtrahieren, kannst du die Gegenzahl addieren: $-(-4) = +(+4)$

1. Nutze die Gegenzahl, um den Term umzuformen. $(-9) - (-4) = (-9) + (+4)$
2. Wenn das Vorzeichen einer Zahl positiv ist, $= (-9) + 4$
kannst du die Klammer und das Vorzeichen weglassen.
3. Wenn vor einer Zahl kein Rechenzeichen steht, $= -9 + 4$
kannst du die Klammer ebenfalls weglassen. $= -5$

4 Forme um und rechne aus.
a) $(+4) - (-8)$ b) $(-17) + (-9)$ c) $(+721) + (-403)$ d) $(-39,5) - (-218,6)$
e) $(+\frac{1}{4}) - (-\frac{3}{4})$ f) $(-\frac{2}{5}) + (+\frac{7}{10})$ g) $(-9,2) - (+0,4) + (-1,7)$

5 Formuliere eine passende Frage. Stelle den Term auf. Forme um und rechne aus.
a) Der Kontostand liegt bei $(-67,12)$€. b) Zwei Taucher befinden sich $(-14,6)$ m
Dazu kommt das Gehalt von unter Wasser. Sie beschließen, (-3) m
$(+1236,79)$€. tiefer zu tauchen.
c) Auf dem Berggipfel wird eine d) Beim Skirennen ist die aktuelle Bestzeit
Temperatur von $(-19,2)$°C gemessen. $(+58,24)$ s. Bei der nächsten Fahrerin
Im Tal liegt sie bei $(-14,5)$°C. zeigt die Anzeige $(-0,32)$ s an.

6 Sind Rechenzeichen und Vorzeichen gleich, wird daraus plus. Sind Rechenzeichen und Vorzeichen verschieden, wird daraus minus.
Ich bin nicht sicher, ob das stimmt.
Prüft, ob Annas Behauptung stimmt. Es gibt vier verschiedene Kombinationen von Rechenzeichen und Vorzeichen. Fertigt dazu eine Tabelle an. Denkt euch für jede Kombination ein Beispiel aus. Stellt eure Ergebnisse der Klasse vor. Erklärt.

7 Forme um und rechne aus.
a) $(-6) - (-9)$ b) $(+962) + (-295)$ c) $(-187,45) + (+49,06)$ d) $(-39,5) - (+218,6)$
e) $\frac{2}{3} - (-\frac{5}{6})$ f) $(+\frac{9}{10}) + (-\frac{1}{15})$ g) $\frac{1}{3} + (-\frac{5}{7})$ h) $(-\frac{8}{9}) - (-\frac{2}{3})$
$-258,1 \quad -138,39 \quad -\frac{1}{6} \quad -\frac{7}{15} \quad +\frac{5}{6} \quad +1\frac{5}{6} \quad +1\frac{7}{9} \quad +667$

8 Forme um. Fasse zusammen und rechne aus.
a) $(-39) - (-12) + (-8) + (+3)$ b) $(+12,4) + (-0,5) - (+3,7) - (-5,8)$
c) $-\frac{1}{2} - (-\frac{1}{2}) + (-\frac{5}{8}) - (+\frac{1}{2}) + (+1)$ $-40 \quad -32 \quad 0 \quad +14$

Kopiervorlage zur Selbsteinschätzung beachten; interaktive Übung. ↻ 117–8

117

Prüfe dich: Über das Buch verteilt kannst du immer
wieder überprüfen, ob du noch Aufgaben lösen kannst,
die schon vor längerer Zeit behandelt wurden.
Wenn nicht: Schlage im Buch nach, frage einen Partner
oder löst die Aufgabe gemeinsam.

Die Lupe zeigt dir, dass es etwas zu erforschen gibt.
Finde eigene Wege, eine Aufgabe zu lösen.
Denke daran: Manchmal ist es einfacher, zusammenzuarbeiten.
Habe keine Angst vor Fehlern – du kannst daraus lernen.

↻ 117–8
Multimediales Zusatzangebot über Webcode im Internet:
1. Website www.cornelsen.de/klick-mathematik aufrufen
2. Buchkennung eingeben: KLM080565
3. Mediencode eingeben: z. B. 117-8

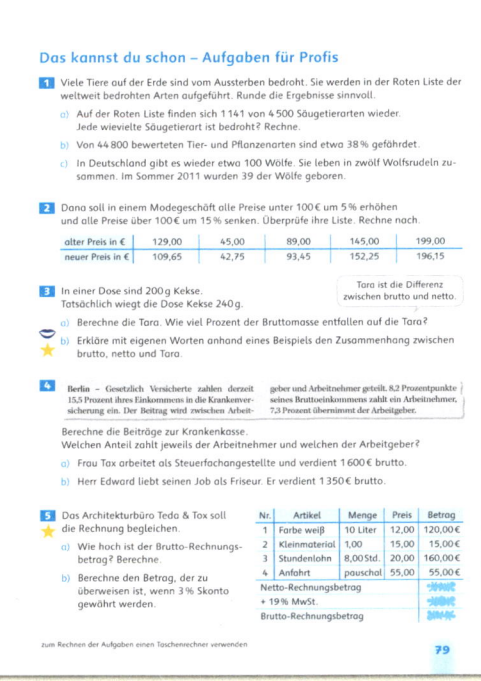

Das kannst du schon – Aufgaben für Profis

1 Viele Tiere auf der Erde sind vom Aussterben bedroht. Sie werden in der Roten Liste der weltweit bedrohten Arten aufgeführt. Runde die Ergebnisse sinnvoll.
a) Auf der Roten Liste finden sich 1141 von 4500 Säugetierarten wieder. Jede wievielte Säugetierart ist bedroht?
b) Von 44 800 bewerteten Tier- und Pflanzenarten sind etwa 38 % gefährdet.
c) In Deutschland gibt es wieder etwa 100 Wölfe. Sie leben in zwölf Wolfsrudeln zusammen. Im Sommer 2011 wurden 39 der Wölfe geboren.

2 Dana soll in einem Modegeschäft alle Preise unter 100 € um 5 % erhöhen und alle Preise über 100 € um 15 % senken. Überprüfe ihre Liste. Rechne nach.

alter Preis in €	129,00	45,00	89,00	145,00	199,00
neuer Preis in €	109,65	42,75	93,45	152,25	196,15

3 In einer Dose sind 200 g Kekse. Tatsächlich wiegt die Dose Kekse 240 g.
Tara ist die Differenz zwischen brutto und netto.
a) Berechne die Tara. Wie viel Prozent der Bruttomasse entfallen auf die Tara?
b) Erkläre mit eigenen Worten anhand eines Beispiels den Zusammenhang zwischen brutto, netto und Tara.

4 Berlin – Gesetzlich Versicherte zahlen derzeit 15,5 Prozent ihres Einkommens in die Krankenversicherung ein. Der Beitrag wird zwischen Arbeitgeber und Arbeitnehmer geteilt. 8,2 Prozentpunkte seines Bruttoeinkommens zahlt ein Arbeitnehmer, 7,3 Prozent übernimmt der Arbeitgeber.
Berechne die Beiträge zur Krankenkasse. Welchen Anteil zahlt jeweils der Arbeitnehmer und welchen der Arbeitgeber?
a) Frau Tax arbeitet als Steuerfachangestellte und verdient 1600 € brutto.
b) Herr Edward liebt seinen Job als Friseur. Er verdient 1350 € brutto.

5 Das Architekturbüro Teda & Tox soll die Rechnung begleichen.
a) Wie hoch ist der Brutto-Rechnungsbetrag? Berechne.
b) Berechne den Betrag, der zu überweisen ist, wenn 3 % Skonto gewährt werden.

Nr.	Artikel	Menge	Preis	Betrag
1	Farbe weiß	10 Liter	12,00	120,00 €
2	Kleinmaterial	1,00	15,00	15,00 €
3	Stundenlohn	8,00 Std.	20,00	160,00 €
4	Anfahrt	pauschal	55,00	55,00 €
	Netto-Rechnungsbetrag			
	+ 19 % MwSt.			
	Brutto-Rechnungsbetrag			

zum Rechnen der Aufgaben einen Taschenrechner verwenden

79

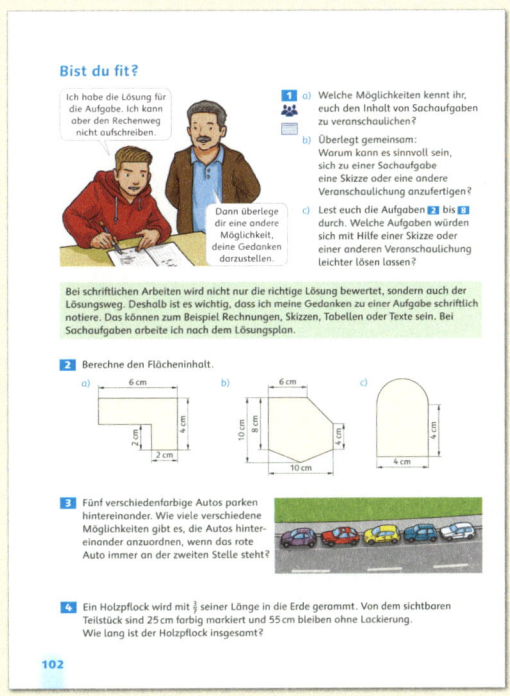

Bist du fit?

Ich habe die Lösung für die Aufgabe. Ich kann aber den Rechenweg nicht aufschreiben.
Dann überlege dir eine andere Möglichkeit, deine Gedanken darzustellen.

1 a) Welche Möglichkeiten kennt ihr, euch den Inhalt von Sachaufgaben zu veranschaulichen?
b) Überlegt gemeinsam: Warum kann es sinnvoll sein, sich zu einer Sachaufgabe eine Skizze oder eine andere Veranschaulichung anzufertigen?
c) Lest euch die Aufgaben **2** bis **8** durch. Welche Aufgaben würden sich mit Hilfe einer Skizze oder einer anderen Veranschaulichung leichter lösen lassen?

Bei schriftlichen Arbeiten wird nicht nur die richtige Lösung bewertet, sondern auch der Lösungsweg. Deshalb ist es wichtig, dass ich meine Gedanken zu einer Aufgabe schriftlich notiere. Das können zum Beispiel Rechnungen, Skizzen, Tabellen oder Texte sein. Bei Sachaufgaben arbeite ich nach dem Lösungsplan.

2 Berechne den Flächeninhalt.
a) 6 cm, 4 cm, 2 cm, 2 cm
b) 6 cm, 10 cm, 8 cm, 4 cm, 10 cm
c) 4 cm, 4 cm

3 Fünf verschiedenfarbige Autos parken hintereinander. Wie viele verschiedene Möglichkeiten gibt es, die Autos hintereinander anzuordnen, wenn das rote Auto immer an der zweiten Stelle steht?

4 Ein Holzpflock wird mit $\frac{3}{8}$ seiner Länge in die Erde gerammt. Von dem sichtbaren Teilstück sind 25 cm farbig markiert und 55 cm bleiben ohne Lackierung. Wie lang ist der Holzpflock insgesamt?

102

Das kannst du schon - Aufgaben für Profis:
Wenn du diese Aufgaben bearbeiten kannst,
hast du das zurückliegende Kapitel gut verstanden.
Manche Aufgaben sind für Profis und müssen nicht
von allen bearbeitet werden.

Bist du fit?: Diese Seiten laden dich ein, dein Wissen
selbstständig zu überprüfen. Kannst du diese Aufgaben
noch lösen? Sie wurden schon vor längerer Zeit behandelt.
Diese Seiten geben dir auch viele Tipps, wie du dich gut
auf schriftliche Prüfungen oder auf die Abschlussprüfung
vorbereiten kannst.

Klick! 10

Mathematik

Herausgegeben von
Daniel Jacob
Petra Kühne
Markus Ledebur

Erarbeitet von
Daniel Jacob
Elisabeth Jenert
Petra Kühne
Markus Ledebur
Florian Plattner
Sebastian Schönthaler
Naveen Schwind
Christina Wolf

Unter Beratung von
Bärbel Becher
Dr. Thomas Breucker
Dr. Stefanie Breuers
Daniela Buss
Hanne Frohberg
Birgit Leuermann
Daniela Linde
Cornelia Michalski
Dr. Axel Mittelberg
Erik Röhrich-Zorn
Kati Steinecke

Inhaltsverzeichnis

Auf dem Weg zum Schulabschluss

Ich möchte bald von zu Hause auszuziehen.

Ich habe gerade ein Konto eröffnet.

Ich möchte mir nächstes Jahr einen Roller kaufen.

1 Erkunde dein Mathematikbuch.

a) Welche Themen aus dem Alltag werden in diesem Buch besprochen?
Welches dieser Themen ist für dich in diesem Jahr wichtig?

b) Welche Berufe werden vorgestellt? Welcher dieser Berufe interessiert dich besonders? Begründe.

In diesem Jahr steht auch die Abschlussprüfung an.

Da kommen so viele verschiedene Themen vor.

Für Klassenarbeiten habe ich immer erst eine Woche vorher angefangen zu üben.

Für die Prüfung würde ich öfter üben.

2 a) Was musst du bei der Vorbereitung auf die schriftliche Abschlussprüfung beachten? Wie unterscheidet sich die Prüfungsvorbereitung von der Vorbereitung auf Klassenarbeiten? Besprich dich mit einem Partner.

b) Welche Seiten im Buch helfen bei deiner Vorbereitung auf die Abschlussprüfung? Welche Übungsschwerpunkte findest du dort?

3 a) Informiert euch, welche Vorgaben bei den Abschlussprüfungen zu beachten sind. Stellt die gesammelten Informationen auf einem Plakat dar.

b) Welche dieser Vorgaben bereiten dir Sorgen? Was kann dir helfen, mit diesen Bedingungen umzugehen?

Zeitpunkt
Zeitraum
Zugelassene Hilfsmittel
Art der Aufgaben
Ort der Prüfung
Wann hat man bestanden?

Kopiervorlage zur Selbsteinschätzung beachten

Die Aufgaben ▮4▮ bis ▮10▮ könnten so im allgemeinen Teil der Abschlussarbeit stehen.
Welche Aufgaben kannst du bereits ohne Vorbereitung lösen?
Bei welchen Aufgaben reicht eine Erinnerung anhand der Karteikarten?
Achtung: Die Aufgaben sind ohne Taschenrechner zu bearbeiten.

4 Berechne.

a) $3 + 4 \cdot 4$
$(3 + 4) \cdot 4$

b) $6 \cdot (5 + 7)$
$6 \cdot 5 + 7$

c) $10 - 6 : 2$
$(10 - 6) : 2$

d) $8 : 4 + 4$
$8 : (4 + 4)$

5 Überschlage zuerst und rechne danach schriftlich.

a) $245{,}41 + 1831{,}9$
$64{,}956 + 2{,}14507$

b) $62{,}405 - 8{,}67$
$45{,}21 - 6{,}3389$

c) $32{,}541 \cdot 28$
$4{,}90457 \cdot 14$

d) $46{,}135 : 5$
$37{,}956 : 4$

6 Rechne zuerst in die gleiche Einheit um.

a) $4{,}25\,m + 45\,cm$
$375\,ml + 1{,}500\,l$

b) $520\,g + 3{,}155\,kg$
$1\frac{1}{2}\,min - 24\,s$

c) $13{,}95\,€ + 99\,ct$
$8{,}520\,km - 350\,m$

d) $45\,mm - 3{,}6\,cm$
$18\,min + \frac{1}{2}\,h$

7 Ein Strauß mit 20 Tulpen kostet 5,80 €.
Wie viel muss man für einen Strauß mit 14 Tulpen bezahlen?

8 Berechne den Flächeninhalt.

a)

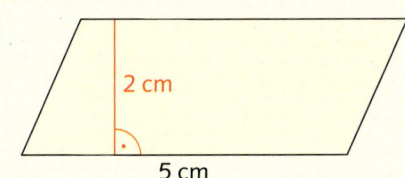

2 cm

5 cm

b)

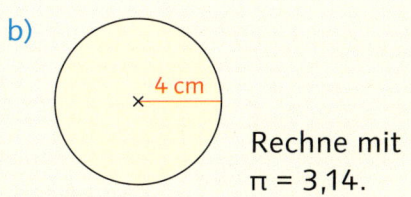

4 cm

Rechne mit
π = 3,14.

9 Berechne das Volumen.

a)

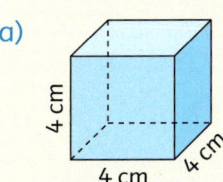

4 cm

4 cm

4 cm

b)

2 cm

5 cm

3 cm

10 Betrachte das abgebildete Glücksrad.

a) Welche Farbe hat die größten Gewinnchancen?
Begründe.

b) Gewinn und Niete sollen gleich wahrscheinlich sein.
⭐ Formuliere für das abgebildete Glücksrad mindestens
zwei verschiedene Gewinnregeln.

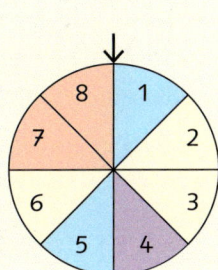

Rechenregeln und Rechengesetze

1 Warum ist es wichtig, Rechenregeln und Rechengesetze sicher anwenden zu können? Begründe anhand der Aufgaben auf den Seiten 6 bis 13.

Ich möchte mich auf einen Eignungstest vorbereiten.

Ich habe Schwierigkeiten beim Kopfrechnen.

2 a) Berechne. Welche Rechenregeln musst du beim Lösen dieser Aufgabe beachten?

b) Was bedeutet die Abkürzung KLAPS? Überlegt gemeinsam und notiert eure Lösung im Heft.

$20 + 5 \cdot (7 - 6) =$

KLAPS-„Regel":

KLA =
P =
S =

Ich habe mir die KLAPS-„Regel" gemerkt – da erinnere ich mich sofort an die Rechenregeln.

3 Berechne.

a) $5 + 6 \cdot (7 - 4)$
$8 \cdot 3 + 9 \cdot 7$
$(9 + 7) : 4 - 2$
$6 - 2 \cdot 2 + 8$
$9 : 3 + 5 - 7$

b) $12 : 2 + 6 \cdot 8$
$(5 + 4) \cdot 3 - 24 : 3$
$6 + 11 \cdot 4 - 40$
$(25 - 15) : 5 + 8$
$6 \cdot 6 : 4 + 21$

c) $72 : (2 + 3 \cdot 2) \cdot 2$
$(10 : 2 + 7) \cdot 3 + 4$
$9 + (6 - 8 : 4) + 27$
$42 : 7 \cdot (9 - 4) - 25$
$(8 + 4) : 6 + 1 \cdot 38$

4 Wie müssen die Klammern gesetzt werden, damit die Aufgaben stimmen?

a) $25 + 4 + 11 \cdot 3 = 70$ b) $96 : 20 - 8 + 2 = 10$ c) $4 + 6 \cdot 3 + 9 = 120$

5 Ordne jedem Rechengesetz die richtige Erklärung und das passende Beispiel zu. Schreibe ins Heft. Kontrolliere mit dem Mathe-Lexikon.

Kommutativgesetz

$8 \cdot 3 = 3 \cdot 8$
$51 + 649 = 649 + 51$

Beim Addieren und Multiplizieren darf man Zahlen beliebig vertauschen. Das Ergebnis bleibt gleich.

Beim Addieren und Multiplizieren darf man die Zahlen beliebig durch Klammern verbinden. Das Ergebnis bleibt gleich.

Assoziativgesetz

Eine Zahl wird mit einer Summe multipliziert, indem man jeden Summanden mit dieser Zahl multipliziert und die Produkte dann addiert.

$5 \cdot (20 + 7) = 5 \cdot 20 + 5 \cdot 7$
$(30 + 8) \cdot 9 = 30 \cdot 9 + 8 \cdot 9$

$3 \cdot 25 \cdot 4 = 3 \cdot (25 \cdot 4)$
$85 + 23 + 7 = 85 + (23 + 7)$

Distributivgesetz

6 Rechne vorteilhaft, indem du das Kommutativgesetz und das Assoziativgesetz sinnvoll anwendest.

a) $36 + 49 + 74$
$12 + 96 + 28$
$55 + 43 + 65$
$61 + 83 + 47$

b) $29 + 35 + 81$
$72 + 44 + 26$
$58 + 97 + 32$
$15 + 17 + 33$

c) $4 \cdot 18 \cdot 5$
$28 \cdot 5 \cdot 2$
$25 \cdot 7 \cdot 4$
$9 \cdot 4 \cdot 15$

d) $6 \cdot 13 \cdot 5$
$22 \cdot 5 \cdot 5$
$3 \cdot 2 \cdot 35$
$17 \cdot 5 \cdot 4$

7 Rechne vorteilhaft, indem du das Distributivgesetz sinnvoll anwendest.

a) $4 \cdot (500 + 80 + 6)$
$(900 + 40 + 3) \cdot 2$
$6 \cdot (700 + 20 + 1)$
$(400 + 90 + 3) \cdot 8$

b) $3 \cdot 219$
$5 \cdot 842$
$7 \cdot 317$
$9 \cdot 465$

c) $6 \cdot (30 - 1)$
$3 \cdot (400 - 3)$
$5 \cdot (80 - 2)$
$9 \cdot (700 - 5)$

d) $4 \cdot 799$
$7 \cdot 598$
$8 \cdot 296$
$2 \cdot 197$

8 Rechne vorteilhaft. Erkläre deinen Rechenweg mit den Rechengesetzen und Rechenregeln.

a) $7 \cdot (28 + 32) - 4$
$(50 + 4) : 9$
$38 - 5 \cdot 6 + 22$

b) $25 + 32 : 4 - 8$
$3 \cdot (94 - 4) - 112$
$(600 + 20 + 3) \cdot 4$

c) $7 \cdot 4 - 12 : 6$
$72 : (14 - 6)$
$(500 - 1) \cdot 3$

d) $49 + 14 : 2 - 6$
$(57 + 13) : 7$
$8 \cdot (400 + 9)$

9 In einer Saftfabrik werden in einer Stunde 5 900 Flaschen Apfelsaft und 3 700 Flaschen Orangensaft abgefüllt. Wie viele Kästen mit je 12 Flaschen kann man damit füllen?

10 Ein Goldschmied will 200 Schmucksteine für die Herstellung von Ringen verwenden. Er fertigt 35 Ringe mit je drei Steinen an. Wie viele Ringe mit je fünf Steinen kann er mit den restlichen Steinen anfertigen?

11 Für Pflasterarbeiten hat ein Bauunternehmen 166 Paletten Steine und 16 Paletten Randsteine bestellt. Der Lkw bringt die Lieferung in 13 Touren. Wie viele Paletten kann der Lkw gleichzeitig transportieren?

12 Formuliert ähnliche Sachaufgaben, bei deren Lösung Rechenregeln oder Rechengesetze angewendet werden können. Sucht ein anderes Tandem*, das eure Aufgaben berechnet.

*Tandem – Zweierteam

Eignungstests und Einstellungstests

1

Ich bin nächste Woche zum Eignungstest eingeladen. Weißt du, was da gefragt wird?

Nein. Aber ich weiß, dass man sich darauf vorbereiten kann. Im Internet findest du Übungstests.

a) Reicht eine Woche Vorbereitungszeit? Diskutiert.

b) Recherchiert. In welchen Berufen werden häufig Einstellungstests durchgeführt?

c) Informiert euch auf den folgenden Seiten im Buch:
Welche Arten von Aufgaben können in Eignungstests vorkommen?
Welche Aufgaben gehören zum mathematischen Bereich?
Aus welchen anderen Bereichen stammen die restlichen Aufgaben?

d) Was haben Eignungstests und Einstellungstests gemeinsam?
Worin unterscheiden sie sich?

Die Testsituation zeigt, wie sich die Bewerber verhalten, wenn sie nervös und angespannt sind.

Bei einem **Eignungstest** werden dein Wissen, deine Persönlichkeit, deine Intelligenz und deine Konzentrationsfähigkeit geprüft. So lässt sich feststellen, ob du dich für einen bestimmten Ausbildungsweg oder für eine Arbeit eignest. Der Eignungstest ist etwas allgemeiner als der Einstellungstest.

Beim **Einstellungstest** wird geprüft, ob du die Voraussetzungen erfüllst, in einem Unternehmen eine bestimmte Position einzunehmen. Viele Firmen nutzen einen Einstellungstest, um mehrere Bewerber direkt miteinander vergleichen zu können und den Bewerber herauszufinden, der sich am besten für die Position eignet.

e) Überlegt gemeinsam:
– Welche Vorteile hat es, wenn man nach einer schriftlichen Bewerbung noch einen Einstellungstest oder einen Eignungstest absolvieren muss?
– Welche Vorteile hat es, wenn eine Firma nur nach den Bewerbungsunterlagen entscheidet?

Die Aufgaben **2** bis **13** können so oder ähnlich in Eignungstests vorkommen.
Löse möglichst viele Aufgaben in der vorgegebenen Zeit.
Schreibe die Ergebnisse ins Heft.
Für die Bearbeitung aller Aufgaben hast du genau 20 Minuten Zeit.

2 Mit welcher Zahl wird die Reihe sinnvoll fortgesetzt?

a) 3 6 9 12 ▨   14   15   18   24   b) 2 6 3 7 ▨   4   6   10   11

c) 1 4 9 16 ▨   30   36   25   49   d) 8 13 19 26 ▨   31   32   33   34

3 Welches Wort passt?

a) Lehrer : Schüler = Meister : ▨   Chef   Lehrling   Student

b) fahren : Auto = fliegen : ▨   Mofa   Schiff   Flugzeug

c) Gramm : Gewicht = Meter : ▨   Länge   Zentimeter   Zeit

4 Aus wie vielen Flächen setzt sich diese Figur zusammen?

a)   b)   c)

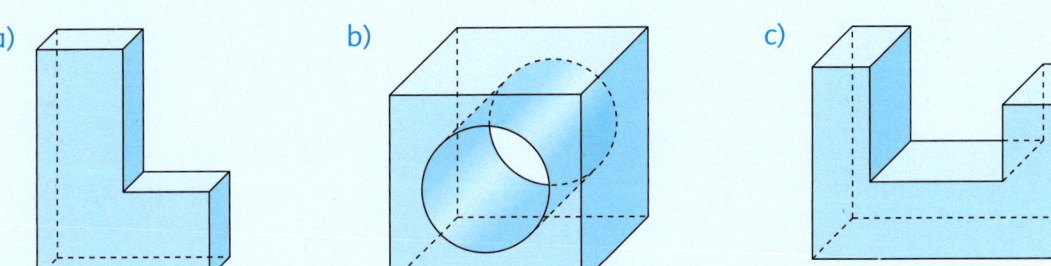

5 Welche Körper können aus den beiden Faltvorlagen gebildet werden?

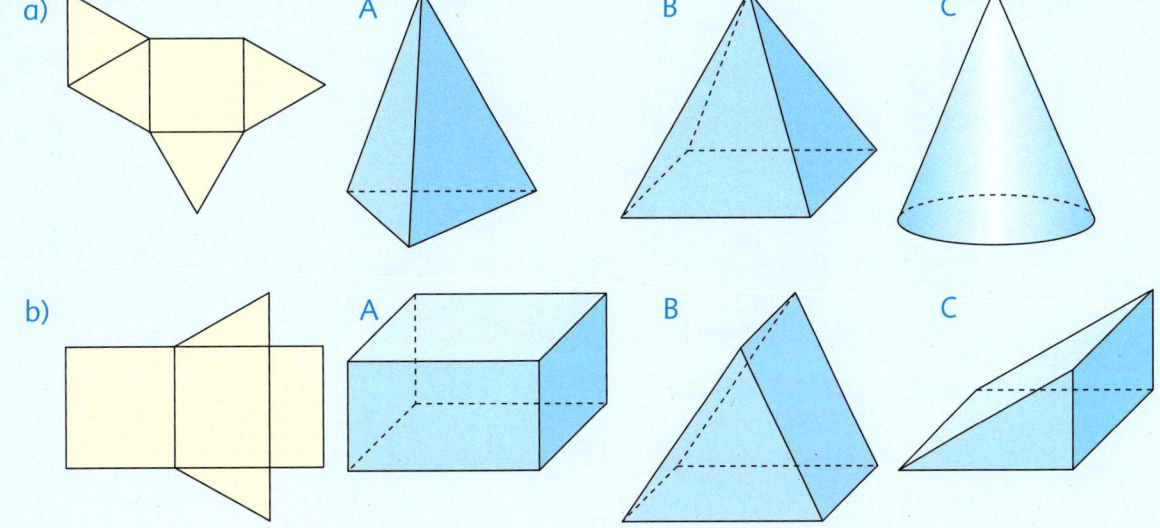

6 Welcher Würfel ist mit dem Beispiel identisch?

a) 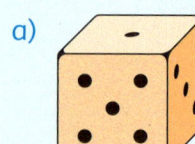   A 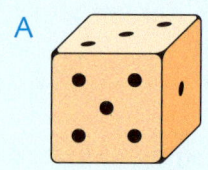   B    C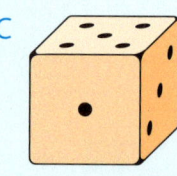

b) 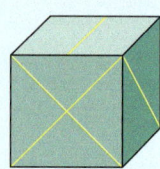   A 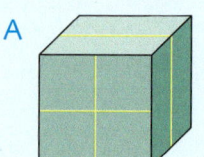   B 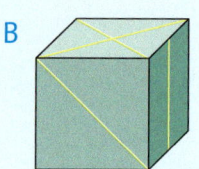   C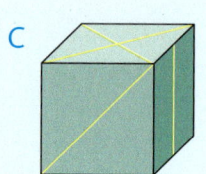

7 Welches Ergebnis stimmt? Überschlage.

a) 594,21 + 8 431,2 + 6,742 | 1 407,862 | 9 032,152 | 12 881,212 |

b) 92 476,38 − 504,2267 − 18 743,2 | 7 322,533 | 53 228,9533 | 73 228,9533 |

c) 546,275 · 23,4 | 1 278,2835 | 12 782,835 | 16 782,835 |

d) 24 816,215 : 5 | 4 963,243 | 7 963,243 | 49 632,43 |

8 Rechne in die angegebene Maßeinheit um.

a) 50 mm = ☐ cm   b) 845 ct = ☐ € ☐ ct   c) $\frac{1}{4}$ h = ☐ min   d) 0,843 km = ☐ m
    3 kg = ☐ g   500 ml = ☐ l   250 kg = ☐ t   90 s = ☐ min
  120 min = ☐ h   4,57 m = ☐ cm $\frac{1}{2}$ l = ☐ ml   294 cm = ☐ m
  250 cm = ☐ dm   3,75 t = ☐ kg   16,45 € = ☐ ct   3,306 l = ☐ ml

9 Berechne.

a) $\frac{3}{7} + \frac{2}{5}$ b) $\frac{2}{9} \cdot \frac{6}{8}$ c) $\frac{5}{8}$ von 2 l   d) $\frac{3}{4}$ von $\frac{1}{2}$ km

$\frac{7}{9} - \frac{3}{10}$ $\frac{3}{5} : \frac{4}{5}$ $\frac{7}{12}$ von 18 km $\frac{2}{5}$ von $\frac{1}{4}$ h

10 a) Wie bezeichnet man das Wirtschaftssystem Deutschlands?

soziale Marktwirtschaft   Bürokratie   Planwirtschaft

b) Wie heißt der höchste Berg der Erde?

Mont Blanc   Zugspitze   Mount Everest

c) Wie viele Bundesländer hat die Bundesrepublik Deutschland?

15   16   17   18

11 In welche Richtung dreht sich das markierte Rad? Nach links oder nach rechts?

a)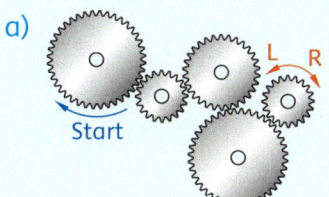

b)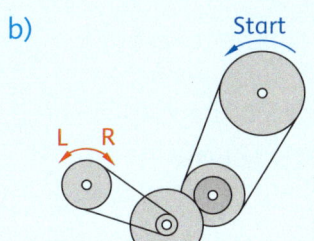

c)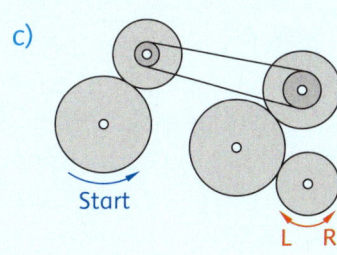

12 a) Herr Kowalski benötigt für seinen Garten 42 m Zaun. Dafür bezahlt er 1470 €.
Sein Nachbar kauft 35 m Zaun von derselben Sorte.
Wie viel muss der Nachbar bezahlen?

b) Frau Petrov bekommt im Restaurant für ihr Essen eine Rechnung über 22,40 €.
Als Trinkgeld wird zwischen 10 % und 15 % gegeben.
Wie viel bezahlt sie insgesamt? Runde sinnvoll.

13 Welches Wort ist richtig geschrieben?

a) Temperatur   Temmperatur   Temparatur

b) Puplikum   Publikum   Publiekum

c) entgültich   endgültik   endgültig

d) diegital   digital   digitall

14 Vergleicht die Aufgaben auf Seite 7 mit denen
der Seiten 11 bis 13. Stellt die Gemeinsamkeiten
und die Unterschiede auf einem Lernplakat dar.

	ABSCHLUSS-ARBEIT	EIGNUNGS-TEST
ZIEL		
ART DER AUFGABEN		

15 In den verschiedenen Berufsfeldern sind unterschiedliche Fähigkeiten gefragt.
Deshalb unterscheiden sich auch die Aufgaben in den Eignungstests.
Überlegt gemeinsam und begründet.

a) In welchen Berufen muss man den Dreisatz, die Prozentrechnung
oder die Berechnung von Flächen und Körpern sicher beherrschen?

b) Welche mathematischen Fähigkeiten werden in sozialen Berufen,
in handwerklichen Berufen oder in Dienstleistungsberufen benötigt?

16 Die Bundesagentur für Arbeit unterstützt Jugendliche bei der Berufswahl.
Informiert euch, welche Testverfahren dazu angeboten werden und welche Arten
von Aufgaben darin vorkommen.

Wiederholung: Nach Lösungsplan arbeiten

1 Ling-Ling wohnt in Delmenhorst und hat in Oldenburg einen Termin für ein Vorstellungsgespräch. Sie hat sich die Zug- und die Busverbindung herausgesucht. Welchen Zug sollte Ling-Ling nehmen?

Ihre Bewerbung um einen Ausbildungsplatz vom 04.11.

Sehr geehrte Frau Wang,

vielen Dank für Ihre Bewerbung und Ihr Interesse an einer Ausbildung in unserer Firma. Um uns ein persönliches Bild von Ihnen zu machen, laden wir Sie zu einem Vorstellungsgespräch am 12.12. um 17:00 Uhr zu uns ein. Das Gespräch wird Frau Krull mit Ihnen führen. Wenn Sie Fragen haben oder den Termin nicht wahrnehmen können, melden Sie sich bitte unter Tel: 0123-987654.

Mit freundlichen Grüßen

M. Meyer

Anfahrt mit öffentlichen Verkehrsmitteln:
Buslinien 303, 307 Haltestelle: Nordstraße
Von dort 5 Minuten Fußweg.

Wählen Sie eine Zugverbindung:

Bahnhof/Haltestelle	Datum	Zeit		Dauer
		↑ Früher		
> Delmenhorst	Fr, 12.12.	ab	15:03	0:20
Oldenburg (Hbf.)	Fr, 12.12.	an	15:23	
> Delmenhorst	Fr, 12.12.	ab	15:28	0:25
Oldenburg (Hbf.)	Fr, 12.12.	an	15:53	
> Delmenhorst	Fr, 12.12.	ab	16:04	0:19
Oldenburg (Hbf.)	Fr, 12.12.	an	16:23	
> Delmenhorst	Fr, 12.12.	ab	16:28	0:25
Oldenburg (Hbf.)	Fr, 12.12.	an	16:53	
> Delmenhorst	Fr, 12.12.	ab	16:42	0:21
Oldenburg (Hbf.)	Fr, 12.12.	an	17:03	

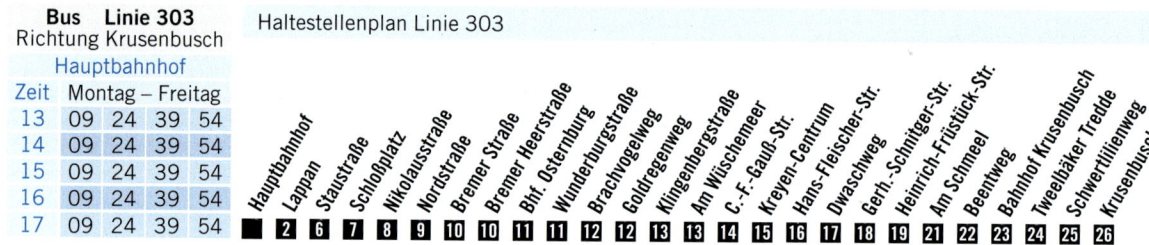

Bus Linie 303
Richtung Krusenbusch

Hauptbahnhof

Zeit	Montag – Freitag			
13	09	24	39	54
14	09	24	39	54
15	09	24	39	54
16	09	24	39	54
17	09	24	39	54

Haltestellenplan Linie 303

a) Bearbeite die Aufgabe mit dem Lösungsplan.

1. Ich lese die Aufgabe genau und schreibe die Frage auf.	2. Ich schreibe auf, welche Angaben ich brauche.
3. Ich nutze Rechenhilfen (z. B. Skizze, Überschlag).	4. Ich rechne die Aufgabe aus.
5. Ich überprüfe das Ergebnis.	6. Ich schreibe die Antwort auf.

b) Suche dir einen Partner. Vergleicht eure Ergebnisse und Lösungsschritte.

c) Welcher Schritt des Lösungsplans ist für dich besonders wichtig? Erkläre.

d) Tragt eure Antworten zusammen. Fasst zusammen, welche Vorteile das Arbeiten nach dem Lösungsplan bietet.

ausführlichen Lösungsplan in den Kopiervorlagen beachten;
Kopiervorlage zur Selbsteinschätzung beachten

Frage:

gegeben:

gesucht:

Manchmal sind in einer Aufgabe zu viele Informationen.

Ich formuliere zuerst die Frage. Bei „gegeben" notiere ich nur die notwendigen Werte. Bei „gesucht" schreibe ich auf, welchen Wert ich berechnen muss.

Sachaufgaben, die mehr Informationen beinhalten, als zur Berechnung notwendig sind, heißen überbestimmte Aufgaben.

2 Für die 5 m lange Auffahrt eines Hauses wird ein 30 cm tiefes Fundament aus Kies angelegt. Die Auffahrt hat einen Flächeninhalt von 22 m². Der Kies wird mit einem 8,13 m langen Lkw transportiert. Der Lkw kann maximal mit 12 t beladen werden. Ein Kubikmeter Kies wiegt 1,9 t und kostet 14,30 €. Für den Transport werden 53,80 € berechnet.

a) Bearbeite die ersten beiden Schritte des Lösungsplans. Formuliere die Frage und notiere alle Angaben, die du benötigst, um zu berechnen, wie viel m³ Kies für das Fundament gebraucht werden. Schreibe als „gesucht" auf, welchen Wert du berechnen musst. Vergleiche deine Angaben mit denen eines Partners.

b) Ole berechnet die Lösung und schreibt einen Antwortsatz. Ist sein Ergebnis richtig? Begründet.

A.: Man braucht 12,54 t Kies.

c) Warum ist es wichtig, die Frage aufzuschreiben? Überlegt gemeinsam.

3 Dana ist im letzten Monat 16 Jahre alt geworden. Seit sie zehn Jahre alt ist, spart sie von ihrem Taschengeld pro Woche 1 €. Seit sie 15 Jahre alt ist und eine Stunde pro Woche arbeitet, spart sie von ihrem Verdienst von 25 € zusätzlich weitere 5 € pro Monat.

Ich überlege genau, welche Angaben für die Beantwortung der Frage wichtig sind.

a) Bearbeite die Schritte eins und zwei des Lösungsplans.

b) Tausche deine Notizen mit denen eines Partners. Kontrolliere zuerst, ob dein Partner die passenden Angaben zur Frage aufgeschrieben hat. Bearbeite danach die restlichen Schritte des Lösungsplans.

4 Eine Tube enthält 100 ml Sonnencreme. Die Tube wiegt insgesamt 134 g. Der Inhalt macht 80 % des Gewichts aus. Wie viel wiegt die Tube ohne den Inhalt?

5 Erfinde eine überbestimmte Sachaufgabe. Tausche sie mit der eines Partners. Löst die Aufgaben und kontrolliert eure Ergebnisse gegenseitig.

Bei schwierigeren Sachaufgaben fertige ich eine Skizze an.

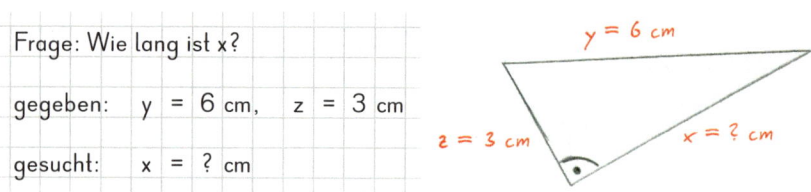

Frage: Wie lang ist x?

gegeben: y = 6 cm, z = 3 cm

gesucht: x = ? cm

6 Aus einer Skizze sollte zu erkennen sein, was zu berechnen ist. Vermute anhand der Skizzen, was berechnet werden soll. Erkläre es einem Partner.

a)

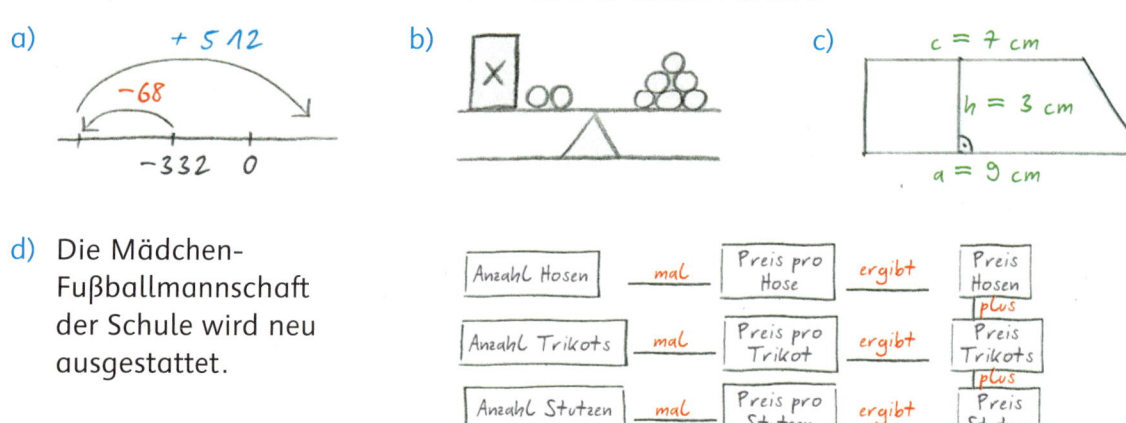

b)

c)

d) Die Mädchen-Fußballmannschaft der Schule wird neu ausgestattet.

7 Beim Longieren läuft das Pferd auf einer Kreisbahn um den sogenannten Longen-Führer herum. Dieser führt das Pferd an einer Longe, deren Länge den Radius des Kreises bestimmt. Welchen Weg legt das Pferd bei 15 Runden zurück, wenn die Longe 8 m lang ist? Beachte beim Lösen der Aufgabe die Schritte des Lösungsplans.

8 Mira lässt sich von ihrer Mutter mit dem Auto von der Schule abholen. Der Weg von zu Hause bis zur Schule beträgt 8 km. Sie beschließt ihrer Mutter entgegenzugehen. Nach einer viertel Stunde trifft sie auf ihre Mutter. Wie viele Kilometer hat sie bereits zurückgelegt, wenn sie durchschnittlich $4 \frac{km}{h}$ schnell geht?

9 Ein Fahrradkurierdienst beschäftigt zwölf Fahrerinnen und Fahrer. Im Durchschnitt werden pro Tag 300 Pakete ausgeliefert, wobei jeder Kurier etwa 126 km fährt.
Die Firma überlegt, ob sie zwei weitere Kuriere einstellt.
Wie wirkt sich eine Einstellung weiterer Mitarbeiter auf die Arbeit der Kuriere aus, wenn die Anzahl der Pakete gleich bleibt?

a) Bearbeite die Schritte eins bis drei des Lösungsplans. Zeige die Skizze einem Partner. Er soll sie erklären. Korrigiere, wenn wichtige Angaben fehlen.

Für meine Skizze kann ich eine ähnliche Form wie in Aufgabe 6 d) nutzen.

b) Löse die Aufgabe. Nutze die Schritte vier bis sechs des Lösungsplans.

<table>
<tr><td>Frage:</td></tr>
<tr><td>gegeben:</td></tr>
<tr><td>noch benötigte Daten:</td></tr>
<tr><td>gesucht:</td></tr>
</table>

Manchmal sind in einer Aufgabe zu wenige Informationen gegeben, um sie lösen zu können.

Ich prüfe, ob ich in der Aufgabe nichts übersehen habe.

Wenn Daten fehlen, überlege ich, ob ich diese recherchieren kann oder ob ich sie schätzen muss.

Sachaufgaben, die weniger Informationen beinhalten, als zur Berechnung notwendig sind, heißen unterbestimmte Aufgaben.

10 Für eine Geburtstagsfeier wird ein Apfelkuchen gebacken. Dazu werden $2\frac{1}{2}$ kg Äpfel benötigt. Die Mutter gibt Paul einen 5-€-Schein, um die Äpfel zu kaufen. Reicht das Geld?

   a) Welche Daten werden noch benötigt?

   b) Löse die Aufgabe und beschreibe deinen Lösungsweg.

11 Die Schulbücherei wird neu eingerichtet. In einem Regal sollen alle Mathematikbücher aufbewahrt werden. Wie viele Bücher passen in das Regal?

Bearbeitet die Aufgabe in Gruppen. Stellt eure Ergebnisse anschließend in der Klasse vor.

Höhe 180 cm, Breite 80 cm

12 Vincent überlegt: „Wie viel Geld kann ich sparen, wenn ich zur Berufsschule zwei Jahre lang mit dem Fahrrad statt mit dem Motorroller fahre? Zur Schule sind es 8 km und ich muss zweimal in der Woche zur Schule fahren."

   a) Bearbeite die ersten beiden Schritte des Lösungsplans. Welche notwendigen Angaben sind nicht im Text enthalten? Welche Werte kannst du nachschlagen, welche musst du schätzen?

   b) Erstelle eine Skizze für den Lösungsweg und erkläre sie einem Partner. Prüft gegenseitig, ob der Lösungsweg passend ist.

   c) Bearbeite die restlichen Schritte des Lösungsplans.

13 a) Wie viele Hausaufgaben hast du in deiner bisherigen Schulzeit schon vergessen?

   b) Erfinde eine eigene Fermi-Aufgabe. Tausche sie mit einem Partner und löst die Aufgabe. Kontrolliert, ob das Ergebnis stimmen kann.

Tipp: Wenn man fehlende Werte schätzen muss, handelt es sich um eine Fermi-Aufgabe.

Beruf aktuell: Fachlageristin/Fachlagerist

Fachlageristinnen und Fachlageristen sind für die Annahme, die Lagerung und den Weitertransport von Waren verantwortlich. Bei der Warenannahme ist es ihre Aufgabe, die eingehende Ware zu entladen, zu kontrollieren und mit der elektronischen Datenverarbeitung zu erfassen. Bei der Lagerung müssen sie darauf achten, dass die Ware an den vorgesehenen Platz gebracht und sachgerecht aufbewahrt wird. Regelmäßig kontrollieren sie die Ware und prüfen die Lagerbedingungen. Beim Weitertransport stellen sie Lieferungen zusammen und füllen Begleitpapiere aus. Sie verpacken, kennzeichnen und beschriften die Sendungen und sorgen für die sachgerechte Beladung. Für ihre Tätigkeit nutzen Fachlageristinnen und Fachlageristen computergestützte Informations-, Lager- und Kommunikationssysteme. Sie bedienen Transportgeräte und sind für ihre Pflege zuständig. Die Ausbildung dauert zwei Jahre.

1 Lest den Text und recherchiert fehlende Informationen. Tragt eure Ergebnisse in einer Mindmap zusammen.

a) Welche Aufgaben übernehmen Fachlageristinnen und Fachlageristen?

b) Welche Geräte und Maschinen müssen Fachlageristinnen und Fachlageristen bedienen können?

c) Welche Firmen in deiner Umgebung stellen Fachlageristinnen und Fachlageristen ein?

Aufgaben

Firmen

Fachlagerist/-in

Geräte

Maschinen

2 Im Praktikum bei der Bekleidung-Günstig AG hilft Ole bei der Warenannahme. Der Lieferant zeigt ihm den Frachtbrief.

a) Was ist nun Oles Aufgabe?

b) Welche Informationen sind wichtig? Erkläre.

c) Ole behauptet, der Frachtbrief sei fehlerhaft beschriftet. Begründe.

Absender Musterhaus GmbH & Co. KG Pappelsplatz 5 25337 Elmshorn				
Empfänger Günstiger Kleiden AG Fürstenauer Weg 10 49090 Osnabrück		250 9876543331 B		**PLUS**
Auslieferungsort 49090 Osnabrück	**Ort/Tag Übernahme** 25337 Elmshorn, 06.09.14	**Beigefügte Dokumente** —		**Frachtführer** Orth
Pos	**Menge**	**Inhalt**		**Bruttogewicht**
1	2 Karton	T-Shirts Kinder		8,5 kg
2	3 Karton groß	Pullover farbig		12 kg
3	4 Gitterbox	Schuhe		17,6 kg
4	1 Karton	Lederwaren		6,8 kg

3 Ein Sattelzug von 13,6 m Länge wird entladen. Jede Transport-
palette hat eine Grundfläche von 1 200 × 800 mm und ist
höchstens 1 200 mm hoch. In der unteren Etage befördert der
Lkw 33 Paletten und in der oberen 30 Paletten. Der Hof der
Spedition bietet eine Fläche von 12 m × 8 m zur Zwischenlagerung.
Die Paletten dürfen nicht aufeinandergestapelt werden.
Reicht der Platz, um die Paletten vor der Einlagerung abzustellen?

4 Für Reparaturen lagert eine Firma Kugellager ein. Bei der Prüfung des Lagers sollen
der durchschnittliche Lagerbestand und die Spannweite berechnet werden.
Die elektronische Datenverarbeitung gibt folgenden Lagerbestand an.

Jan.	Febr.	März	April	Mai	Juni	Juli	Aug.	Sept.	Okt.	Nov.	Dez.
121	115	94	101	84	98	89	104	96	84	73	71

a) Was bedeuten der durchschnittliche Lagerbestand und die Spannweite? Erkläre.

b) Berechne den durchschnittlichen Lagerbestand und die Spannweite.

5 Einer Firma entstehen für das 1. Quartal folgende Kosten für ihre Lagerhaltung.

Personal:	Energie:	Versicherungen:	Abschreibungen*:	sonstige Kosten**:
151 203,00 €	12 327,00 €	9 825,00 €	62 188,00 €	11 490,00 €

a) Wie hoch sind die monatlichen Lagerkosten?

b) Das Lager ist zweigeschossig und hat jeweils eine Grundfläche von 120 m × 40 m.
Wie hoch sind die monatlichen Lagerkosten pro Quadratmeter?

c) Ein Viertel der Lagerfläche wird vermietet. Der Mietpreis soll 14 % Gewinn
einbringen. Wie viel kostet die Miete?

6 Ein Lkw soll Waren von Berlin an die Auslieferungsorte in Essen, Hannover und Leipzig
bringen und dann nach Berlin zurückkehren.

km	Berlin	Hannover	Essen	Leipzig
Berlin	–	286	480	184
Hannover	286	–	258	252
Essen	480	258	–	475
Leipzig	184	252	475	–

a) Beschreibe, wie du die Entfernungen aus der Tabelle ablesen kannst.

b) Bestimme die kürzeste Route und berechne die Gesamtentfernung.

c) Vergleicht eure Ergebnisse. Welche Route ist die kürzeste?

d) In welcher Reihenfolge müssen die Waren in den Lkw gepackt werden?

---

* Abschreibungen – Wertverlust, z. B. durch Defekte, Unfälle oder Abnutzung
** sonstige Kosten – z. B. Reparaturkosten

Wiederholung: Brüche

1 Erinnere dich.

a) Notiere drei Brüche und beschrifte sie.

b) Bilde aus den vorgegebenen Wörtern zwei Merksätze. Erläutere sie an einem Beispiel.

alle Teile	die Bruchteile.
des Ganzen.	Der Nenner
Der Zähler	nennt	zählt

2 a) Schreibe die farbigen Anteile als Bruch.

  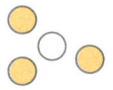 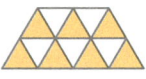 

b) Erfinde mindestens vier weitere Aufgaben dieser Art. Zeichne sie ins Heft und dein Partner notiert den dazu passenden Bruch. Kontrolliert eure Lösungen gegenseitig.

c) Stelle den Bruch $\frac{3}{5}$ ($\frac{4}{8}$, $\frac{5}{7}$, $\frac{2}{9}$) auf mindestens drei verschiedene Arten dar.

d) Erkläre, woran du erkennst, dass in deinen Abbildungen immer der gleiche Bruch dargestellt ist. Verwende die Begriffe Zähler und Nenner.

3 Bearbeitet die Aufgabe nach der „Think-Pair-Share"-Methode.

a) Vergleiche. >, < oder =?

$\frac{5}{10}$ ⬤ $\frac{7}{10}$ $\frac{4}{10}$ ⬤ $\frac{8}{20}$ $\frac{2}{5}$ ⬤ $\frac{5}{15}$ $\frac{5}{8}$ ⬤ $\frac{3}{4}$ $\frac{12}{17}$ ⬤ $\frac{14}{11}$

b) Welche Brüche sind kleiner als $\frac{5}{10}$? Notiere mindestens sechs Brüche.

$\frac{4}{10}$	$\frac{9}{20}$	$\frac{50}{100}$	$\frac{3}{4}$	$\frac{1}{3}$	$\frac{20}{25}$	$\frac{3}{8}$	$\frac{25}{100}$	$\frac{3}{5}$	$\frac{46}{96}$	$\frac{4}{12}$	$\frac{20}{30}$	$\frac{8}{16}$

c) Für welche Brüche gilt: $\frac{5}{10} = \frac{x}{y}$? Notiere mindestens drei Brüche.

d) Erkläre, wie du die Aufgaben a) bis c) gelöst hast. Nutze die Fachbegriffe: Erweitern, Kürzen, Nenner, Zähler und natürliche Zahl.

e) Stellt eure Lösungswege in der Klasse vor.

Think – Ich arbeite alleine und mache mir Notizen zu meinem Lösungsweg.

Pair – Ich tausche mich mit einem Partner aus.

Share – Wir diskutieren in einer Gruppe. Unseren gemeinsamen Lösungsweg stellen wir in der Klasse vor.

4 a) Schreibe die Brüche auf, die sich in gemischte Zahlen umwandeln lassen.

$\frac{8}{3}$ $\frac{7}{10}$ $\frac{17}{16}$ $\frac{4}{8}$ $\frac{12}{5}$ $\frac{25}{6}$ $\frac{12}{17}$ $\frac{17}{12}$ $\frac{6}{4}$ $\frac{26}{38}$ $\frac{9}{3}$ $\frac{19}{39}$ $\frac{14}{14}$

b) Beschreibe, woran du erkennen kannst, dass sich Brüche umwandeln lassen. Verwende passende Fachbegriffe. Nutze hierfür das Mathe-Lexikon.

c) Stelle jede gemischte Zahl in einer Abbildung dar.

d) Ist folgende Gleichung wahr? Begründe. $2\frac{1}{4} = 2 + \frac{1}{4}$

5

a) Ist der Rechenweg richtig? Begründe mit einer Zeichnung.

b) Wandle die gemischten Zahlen um. Als Hilfe kannst du Zeichnungen erstellen.

$2\frac{1}{5}$ $4\frac{5}{8}$ $2\frac{3}{11}$ $3\frac{1}{4}$ $4\frac{8}{9}$ $6\frac{3}{7}$ $7\frac{4}{6}$ $8\frac{5}{16}$ $1\frac{7}{12}$ $5\frac{2}{3}$ $9\frac{4}{13}$ $10\frac{3}{21}$

6 Erweitere die Brüche mit 3 (mit 4, mit 7, mit 8).

Was ist beim Erweitern von Brüchen wichtig? Diskutiere mit einem Partner. Schreibt einen Merksatz auf.

a) $\frac{2}{5}$ b) $\frac{3}{7}$ c) $\frac{8}{10}$ d) $\frac{4}{9}$ e) $\frac{4}{6}$ f) $\frac{1}{10}$ g) $\frac{7}{12}$

7 Mit welcher Zahl wurde jeweils erweitert?

a) $\frac{5}{6} = \frac{5 \cdot \square}{6 \cdot \square} = \frac{15}{18}$ b) $\frac{3}{5} = \frac{12}{20}$ c) $\frac{2}{3} = \frac{18}{27}$ d) $\frac{3}{4} = \frac{18}{24}$ e) $\frac{4}{7} = \frac{28}{49}$ f) $\frac{5}{9} = \frac{20}{36}$

8 Kürze die Brüche so weit wie möglich. Wandle das Ergebnis in eine gemischte Zahl um, falls möglich.

a) $\frac{6}{8}$ b) $\frac{3}{9}$ c) $\frac{14}{7}$ d) $\frac{35}{45}$ e) $\frac{38}{16}$ f) $\frac{48}{42}$ g) $\frac{49}{63}$

9 Findet Gemeinsamkeiten und Unterschiede beim Erweitern und Kürzen von Brüchen. Diskutiert in der Klasse darüber.

Prüfe dich

10 Bei der Wahl der Schülersprecher gab es folgende Stimmenverteilung: Isa 17 %, Ferdijana 36 %, Erdem 18 %, Justin 29 %. Erstelle ein Streifendiagramm.

Rechnen mit Brüchen

1 Bildet vier Gruppen. Jede Gruppe wiederholt gemeinsam ein Rechenverfahren und stellt es anschließend den anderen Gruppen vor.

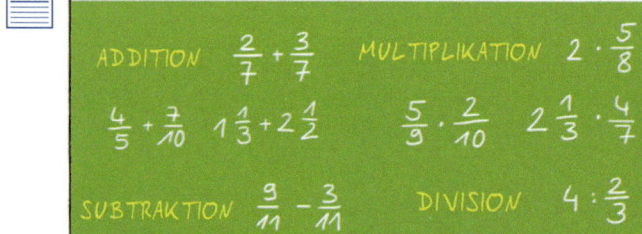

ADDITION $\frac{2}{7} + \frac{3}{7}$ MULTIPLIKATION $2 \cdot \frac{5}{8}$

$\frac{4}{5} + \frac{7}{10}$ $1\frac{1}{3} + 2\frac{1}{2}$ $\frac{5}{9} \cdot \frac{2}{10}$ $2\frac{1}{3} \cdot \frac{4}{7}$

SUBTRAKTION $\frac{9}{11} - \frac{3}{11}$ DIVISION $4 : \frac{2}{3}$

$\frac{11}{12} - \frac{4}{6}$ $1\frac{1}{4} - \frac{2}{7}$ $\frac{3}{8} : \frac{5}{12}$ $3\frac{1}{5} : \frac{8}{11}$

BEACHTE:
- Mehrere Aufgaben dieser Art rechnen
- Rechenschritte genau beschreiben
- Welche Schwierigkeiten können auftreten?
- Welche Tipps und Tricks gibt es?
- Leichte und schwierige Aufgabe vorrechnen

2 Auf der letzten Oberstufenparty hat jeder Gast im Durchschnitt $1\frac{1}{2}$ Würstchen und ein $\frac{3}{4}$ Steak gegessen. Bei den Getränken wurden $\frac{3}{4}$ l Saft und $\frac{1}{2}$ l alkoholfreie Bowle ermittelt. Dieses Jahr werden auf der Oberstufenparty 30 Gäste erwartet.

a) Was bedeutet die Aussage, dass jeder Gast im Durchschnitt ein $\frac{3}{4}$ Steak gegessen hat? Erkläre.

b) Berechne die Anzahl der Würstchen und Steaks, die eingekauft werden müssen. Löse die Aufgabe einmal mit Hilfe einer Rechnung und einmal mit Hilfe einer Zeichnung. Welche Vor- und Nachteile haben die Lösungswege? Begründe.

c) Berechne, wie viel Liter Saft eingekauft und wie viel Liter Bowle hergestellt werden müssen.

3 a) Berechne die Aufgabe $2\frac{1}{3} + 3\frac{3}{6}$ auf zwei verschiedenen Lösungswegen.

> Ich wandle zuerst in einen … um.

> Ich addiere zuerst …

b) Welcher Lösungsweg ist für dich einfacher? Begründe.

c) Welche Vor- und Nachteile haben die beiden Lösungswege jeweils?

4 Löst die Aufgabe mit der „Think-Pair-Share"-Methode.
Für eine große Bowle werden $2\frac{3}{4}$ l Apfelsaft und $4\frac{1}{2}$ l Orangensaft benötigt.

a) Berechne, welche Größe das Gefäß haben muss, damit zusätzlich noch $\frac{2}{8}$ l Zitronensaft hinzugegeben werden können. Anschließend wird die Bowle umgerührt. Zur Verfügung stehen Gefäße mit einem Fassungsvermögen von 5 Liter, 7,5 Liter oder 10 Liter.

b) Ein Becher fasst $\frac{1}{5}$ l. Berechne, wie viele Becher insgesamt ausgeschenkt werden können.

5 Ole kauft einen Kasten Wasser. Jede Flasche enthält einen $\frac{3}{4}$ l Wasser.
In einem Kasten sind 12 Flaschen.

    a) Wie viel Liter Wasser sind insgesamt in den Flaschen?
       Finde zwei verschiedene Lösungswege.

    b) Juri kauft Wasserflaschen mit einem Inhalt von jeweils $1\frac{1}{2}$ l. Wie viele Flaschen
       muss Juri kaufen, um die gleiche Menge Wasser wie Ole zu haben?

6 Familie Schwind möchte ihr Badezimmer neu fliesen.
Die Fliesen haben eine Größe von $\frac{1}{2}$ m mal $\frac{1}{5}$ m.
Wie viele Fliesen werden mindestens benötigt, wenn der
Boden 5 m² und die zu fliesende Wandfläche 7 m² misst?

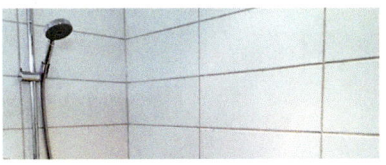

7 Wandle im Kopf in eine Dezimalzahl um. Kontrolliere mit dem Taschenrechner.

    a) $\frac{3}{10}$ b) $\frac{34}{100}$ c) $\frac{500}{1000}$ d) $\frac{10}{100}$ e) $\frac{15}{10}$ f) $\frac{2}{100}$ g) $\frac{75}{1000}$

8 a) Erkläre, wie du einen Bruch in eine
Dezimalzahl umwandelst, wenn der Nenner
10, 100, 1 000 oder 10 000 ist.

    b) Notiere, wie du den Bruch $\frac{5}{50}$ verändern
       musst, damit er leicht in eine Dezimalzahl
       umgewandelt werden kann.
       Erkläre deinen Rechenweg einem Partner.

> $\frac{5}{10} = 0,5$
> 1 Null   1 Nachkommastelle
> $\frac{6}{100} = 0,06$
> $\frac{17}{1000} = 0,017$

    c) Notiere fünf Brüche mit verschiedenen Nennern und wandle sie in eine Dezimal-
       zahl um. Vermeide Brüche mit den Nennern 10, 100 und 1 000.
       Dein Partner kontrolliert.

    d) Wie kannst du „schwierige" Brüche, wie beispielsweise $\frac{5}{8}$ ($\frac{4}{9}$, $\frac{3}{7}$, $\frac{6}{17}$, $\frac{4}{26}$), mit dem
       Taschenrechner in eine Dezimalzahl umwandeln? Erkläre.

9 Wandle im Kopf in einen Bruch um.

    a) 0,2   b) 0,56   c) 2,4
       0,8   0,08   1,07

> 0,5 wandle ich so um:
> Es gibt eine Nachkommastelle.
> Also habe ich Zehntel.
> Im Nenner steht eine 10
> und im Zähler eine 5.

    d) Erkläre, wie du gerechnet hast.
       Hat Juri recht?

10 Wandle im Kopf in eine Dezimalzahl oder in einen Bruch um.

    a) $\frac{3}{10}$ b) $\frac{16}{50}$ c) $\frac{65}{50}$ d) 0,6   e) 1,5   f) 2,003   g) $\frac{300}{200}$

       $\frac{30}{100}$ $\frac{31}{25}$ $\frac{8}{25}$ 0,65   6,22 $\frac{6}{5}$ 1,303

       $\frac{250}{1000}$ $\frac{112}{250}$ $\frac{23}{20}$ 0,04   2,786   0,0004 $\frac{900}{750}$

Rechnen mit Dezimalzahlen

1

$4,438 + 16,03$

$8,987 - 3,64$

$0,709 + 70,9$

$0,56 + 27,85 + 0,072$

$12,063 - 6,45$

$35,003 - 0,85$

a) Rechne schriftlich. Tausche mit einem Partner. Kontrolliert eure Lösungen gegenseitig.

b) Erkläre deinem Partner, worauf man beim schriftlichen Addieren und Subtrahieren von Dezimalzahlen achten muss.

c) Formuliert passende Merkhilfen und diskutiert eure Vorschläge in der Klasse. Einigt euch gemeinsam auf eine Formulierung.

2

$6,876 \cdot 100 = 68,76$

$120,74 : 10 = 12,074$

$6,876 \cdot 100 = 687,6$

$120,74 : 10 = 1,2074$

a) Welche Lösungen sind richtig? Begründe.

b) Notiere sechs Aufgaben zur Multiplikation und Division von Dezimalzahlen mit und durch 10, 100 und 1000. Tausche die Aufgaben mit einem Partner. Rechnet. Kontrolliert eure Lösungen gegenseitig.

c) Formuliert passende Merkhilfen und diskutiert eure Vorschläge in der Klasse. Einigt euch gemeinsam auf eine Formulierung.

3 Rechne schriftlich. Überlege, an welcher Stelle du das Komma setzen musst.

a) $12,83 \cdot 3$
$6,25 \cdot 6$
$3,089 \cdot 20$
$64,704 \cdot 42$
$0,487 \cdot 32$

b) $6,48 \cdot 1,2$
$23,07 \cdot 2,6$
$15,306 \cdot 0,5$
$0,750 \cdot 12,67$
$0,405 \cdot 10,8$

c) Formuliere zu den Aufgaben a) und b) eine passende Merkhilfe.

4 Die Ziffernfolge des Produkts ist bereits vorgegeben.
Überlege, an welcher Stelle das Komma gesetzt werden muss. Schreibe ins Heft.

a) $51,6 \cdot 1,4 = 7224$
$2,456 \cdot 0,02 = 004912$
$16,04 \cdot 0,5 = 802$
$444,8 \cdot 1,5 = 6672$

b) $0,9 \cdot 51,66 = 46494$
$0,74 \cdot 0,045 = 00333$
$1,3 \cdot 0,05 = 0065$
$0,8 \cdot 0,22 = 0176$

c) $3,02 \cdot 0,3 = 0906$
$32,16 \cdot 2,5 = 80400$
$0,02 \cdot 6,1 = 0122$
$73,21 \cdot 3 = 21963$

5

Das Geschenk hat 14,60 € gekostet. Wir sind zu viert. Wie viel muss jeder bezahlen?

```
1 4,6 0 : 4 = 3,6 5
1 2
  2 6        Ü:  1 6 : 4 = 4
  2 4
    2 0
    2 0
      0
```

Erkläre einem Partner, wie Dezimalzahlen durch natürliche Zahlen dividiert werden.

6 Dividiere schriftlich und kontrolliere mit dem Überschlag.

a) 13,6 : 4
   22,55 : 5

b) 61,5 : 6
   43,2 : 8

c) 94,4 : 5
   14,42 : 7

d) 45,702 : 9
   72,592 : 8

7

Du kannst nur schriftlich dividieren, wenn die Zahl, durch die geteilt wird, kein Komma hat.

2,5 : 0,5 =
25 : 5 =

Dann muss man das Komma bei beiden Zahlen verschieben.

25 : 5 kann ich im Kopf rechnen.

a) Erkläre, um wie viele Stellen das Komma verschoben werden muss.

b) Haben beide Aufgaben das gleiche Ergebnis? Prüfe mit dem Taschenrechner.

8 Verschiebe jeweils zuerst das Komma. Rechne danach im Kopf oder schriftlich. Prüfe mit dem Taschenrechner.

a) 7,2 : 0,9
   6,4 : 0,8

b) 0,88 : 0,11
   5,4 : 0,9

c) 2,55 : 0,05
   0,56 : 0,08

d) 0,81 : 0,09
   1,5 : 0,25

 e) Finde ähnliche Aufgaben. Dein Partner rechnet im Kopf oder schriftlich.

9 a) Erkläre, wie die Aufgabe 1,55 : 0,5 schriftlich gerechnet werden kann. Verwende folgende Begriffe: schriftliche Division Komma verschieben Überschlag Komma überschreiten Komma setzen Probe

```
1,5 5 : 0,5 =

1 5,5 : 5 = 3,1
1 5
  0 5
  0 5
    0
```

b) Rechne schriftlich. Prüfe mit dem Taschenrechner.
   0,92 : 0,4   2,46 : 0,6   5,88 : 0,7   5,61 : 1,1

10 Frau Pfaff hat für die AG Nähen 7,5 m roten und 4,5 m blauen Stoff gekauft.

a) Für wie viele Schülerinnen und Schüler reicht der Stoff, wenn jede(r) 0,5 m roten und 0,3 m blauen Stoff bekommt?

b) Berechne die Kosten pro Schülerin und Schüler, wenn 1 m roter Stoff 2,60 € und 0,5 m blauer Stoff 3,20 € kostet.

Das kannst du schon – Aufgaben für Profis

Beim Bearbeiten von Sachaufgaben erinnere ich mich immer wieder daran, nach dem Lösungsplan zu arbeiten.

- Frage
- Angaben
- Skizze
- Überschlag
- Rechnung
- Probe
- Antwort

1 Bauer Scheidt erntet in diesem Jahr insgesamt 99 Tonnen Kartoffeln.

a) Herr Scheidt wiegt seine Kartoffeln in Säcken ab. Ein Sack wiegt $\frac{1}{2}$ Zentner*. Wie viele Säcke kann er füllen?

b) Viele Kunden kommen direkt auf den Hof, um Kartoffeln zu kaufen. Hierfür füllt Herr Scheidt $\frac{1}{3}$ seiner Kartoffelernte in kleinere $\frac{1}{4}$-Zentner-Säcke ab. Wie viele Säcke sind das?

2 In der Backstube soll ein $7\frac{1}{2}$ kg schwerer Brotteig in fünf gleich schwere Teile geteilt werden. Wie viel wiegt jedes Teil?

3 Vier Freunde besuchen ein Theaterstück, das in drei Akte aufgeteilt ist. Der erste Akt dauert 37 min, der zweite Akt eine dreiviertel Stunde und der letzte Akt $\frac{1}{2}$ h. Zwischen den Akten gibt es jeweils eine viertel Stunde Pause.

a) Wie lange dauert das komplette Theaterstück einschließlich der Pausen?

b) Wie lange sind die Freunde insgesamt unterwegs, wenn sie für den Hin- und Rückweg mit dem Bus jeweils 22 min benötigen?

c) Wie lange ist einer der vier Freunde unterwegs?

4 Um mit einem Architekturbüro einen Hausbau planen zu können, muss zuerst das Grundstück vermessen werden.

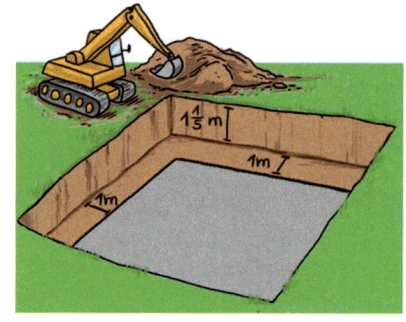

a) Das rechteckige Grundstück der Familie Lehmann ist 27,4 m lang und 24,4 m breit. Berechne die Fläche der Bodenplatte, wenn diese $\frac{1}{7}$ der Gesamtfläche des Grundstücks beträgt. Runde auf ganze m².

b) Zeichne eine maßstabsgerechte Bodenplatte. Es gibt mehrere Möglichkeiten.

c) Zum Ausheben der Baugrube müssen der Mutterboden und das Erdreich auf der gesamten Grundfläche bis auf eine Tiefe von $1\frac{1}{5}$ m abgetragen werden. Die Grundfläche ist insgesamt 2 m länger und 2 m breiter als die Bodenplatte. Berechne, wie viel Kubikmeter (m³) Erde ausgebaggert werden müssen.

*Zentner – alte Maßeinheit; 1 Zentner = 50 kg

5 Die Blutmenge, die durch den Körper eines Menschen fließt, beträgt im Durchschnitt etwa $\frac{8}{100}$ seines Körpergewichts.

> Ein Liter Blut wiegt 1050 g.

a) Kenan wiegt 60 kg. Wie viel Liter Blut hat er in seinem Körper?

b) Berechne die Blutmenge in deinem Körper.

c) Bei der Blutspende werden 0,5 l Blut entnommen. Zusätzlich werden etwa 40 ml als Proben für Untersuchungen entnommen. Hierbei wird das Blut auf Krankheitserreger untersucht. Denn nur gesundes Blut kann an Krankenhäuser weitergegeben werden.
Berechne die Gesamtmenge an Blut, die eine Person mit 50 kg (70 kg, 75 kg, 80 kg, 85 kg) nach einer Blutspende im Körper hat.

 d) Wie schwer ist eine Person ungefähr, die 5,46 l Blut in ihrem Körper hat? Erkläre deinen Rechenweg.

6 Das Deutsche Rote Kreuz (DRK) und das Technische Hilfswerk (THW) veranstalten ein großes Jugendzeltlager. Hier lernen die Jugendlichen Erste Hilfe zu leisten, mit anderen im Team zu arbeiten und Gemeinschaft zu erleben. Insgesamt sind 210 Jugendliche und 30 Betreuer im Zeltlager.

a) $\frac{5}{8}$ aller Teilnehmer sind vom DRK, die anderen vom THW. $\frac{4}{7}$ aller Jugendlichen sind Mädchen, $\frac{2}{3}$ aller Betreuer sind männlich. Berechne, wie viele Teilnehmer das jeweils sind. Ermittle auch die fehlenden Daten.

 b) Die Jugendlichen bauen eine Waldtoilette. Beschreibe die Abbildung.

c) Übertrage die Tabelle in dein Heft. Notiere jeweils die Anzahl und die Länge der benötigten Balken.

Anzahl	Länge

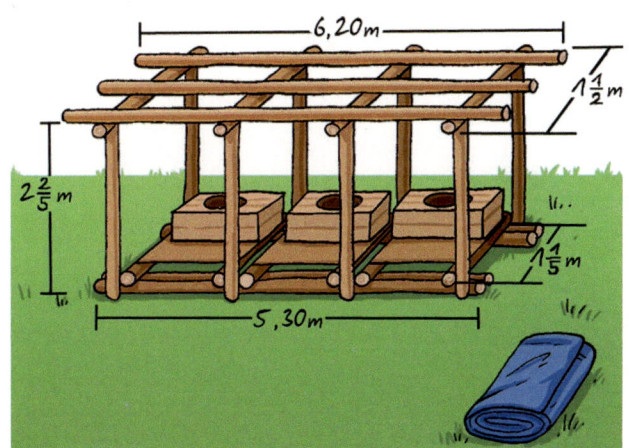

 d) Rechne aus, wie viel Meter Holzbalken insgesamt benötigt werden.

e) Um an allen Seiten einen Sichtschutz für die Waldtoilette zu haben, benötigt man Gewebeplane. Berechnet, wie viel Quadratmeter Plane ihr mindestens benötigt.

7 Erfinde eine realistische Sachaufgabe, in der Brüche und Dezimalzahlen vorkommen. Schreibe deine Aufgabe auf ein Blatt und stelle sie in der Klasse vor. Lass die Aufgabe ausrechnen. Besprecht anschließend die Lösung.

Beruf aktuell: Beiköchin/Beikoch

Beiköchinnen und Beiköche unterstützen die Arbeit von Köchinnen und Köchen. Sie erledigen die Vorbereitungsarbeiten und wirken beim Zubereiten und Anrichten von unterschiedlichen Gerichten mit. Auch beim Wareneinkauf und beim Spülen helfen sie gelegentlich.

Vor dem Kochen, Braten oder Grillen zerlegen Beiköche und Beiköchinnen Geflügel, schneiden Fleisch zu und säubern Fisch. Außerdem putzen und schneiden sie Gemüse und Salat. Je nach Gericht kochen, braten, backen und garnieren sie auch die Speisen.

Beiköchinnen und Beiköche arbeiten vor allem in Küchen von Restaurants, Hotels und Kantinen. Sie arbeiten aber auch in Küchen von Krankenhäusern, Pflegeheimen und Jugendherbergen. Mit ihrer Hilfe können Arbeitsabläufe strukturiert und effektiv verbessert werden. Durch die vielfältigen Einsatzbereiche der Beiköchinnen und Beiköche gelten sie als Multitalente in der Küche.

1 Kenan möchte gern ein Praktikum in der Küche eines Restaurants machen.

a) Informiere dich, welche Fähigkeiten Kenan benötigt, damit er den Beruf des Beikochs lernen und ausüben kann.

b) In welchen Fächern sollte Kenan gut sein? Begründe.

c) Welche Besonderheiten sind bei dem Beruf Beiköchin/Beikoch zu beachten?

d) Welche privaten Interessen oder Hobbys könnten von Vorteil sein?

e) Finde Beispiele.

> Warum muss ich in diesem Beruf rechnen können?

2 In einem Einkaufszentrum gibt es eine Kantine, in der täglich etwa 2000 Menschen zu Mittag essen. Sehr beliebt ist das Schnitzel mit Pommes frites und Salat. Du bist heute für den Salat zuständig und musst die Salate portionieren.

a) Von einem Salatkopf (etwa 0,5 kg) sind etwa $\frac{1}{10}$ seines Gewichts Abfall. Der Rest kann nach dem Waschen geschnitten oder zerrupft werden. Wie viele Salatportionen erhält man, wenn jede Schale mit 50 g Blättern gefüllt wird?

b) Wie viele Salatköpfe werden täglich benötigt, wenn etwa 1200 Portionen Salat ausgegeben werden? Runde sinnvoll.

c) Wie viel Salatdressing muss täglich frisch angerührt werden, wenn über jede Salatportion 30 ml Dressing kommt? Gib das Ergebnis in einer sinnvollen Maßeinheit an.

3 Außer Currywurst und Spaghetti bietet das Restaurant eines Einkaufszentrums ein Tagesgericht an. Im Durchschnitt werden täglich 440 Portionen Currywurst, 320 Portionen Spaghetti und 740-mal das Tagesgericht ausgegeben.
Pro Portion werden folgende Zutaten benötigt:

Currywurst mit Pommes frites		Spaghetti mit Tomatensoße
1 Bratwurst	für die Soße:	125 g gegarte Spaghetti
0,2 kg Pommes frites	25 g Currysoße, 20 g Ketchup, 20 g Mayonnaise	(entspricht 40 g Rohware)
		150 g Tomatensoße

a) Berechne die Menge der Zutaten, die für die Zubereitung der beiden Gerichte pro Tag (pro 5-Tage-Woche) benötigt werden?

b) Erfahrungsgemäß wählen freitags $\frac{1}{5}$ der Gäste anstelle des Tagesgerichts je zur Hälfte Currywurst oder Spaghetti, da sie keinen Fisch mögen. Berechne zuerst die Anzahl der Gäste, die freitags keinen Fisch essen. Ändere danach die Menge der Zutaten entsprechend dieser Information.

4 Bei den Angaben auf Konservendosen gibt es ein Gesamtgewicht (brutto) und ein Abtropfgewicht (netto). Bei einer Dose Mais liegt das Nettogewicht $\frac{1}{8}$ unter dem Bruttogewicht. Das Bruttogewicht pro Dose beträgt 200 g.

a) Berechne, wie viele Dosen Mais gebraucht werden, um 5,3 kg Mais für die Salatbar zu erhalten.

b) Wie viele Dosen Mais sind es, wenn man 500-g-Dosen kauft?

5 Jeden Tag muss die Küche der Kantine zweimal geputzt werden.
In einen Eimer mit etwa 8 l Putzwasser kommen 60 ml Bodenreiniger.
Für jeden Putzgang muss zweimal das Wischwasser gewechselt werden.
Ein Kanister Bodenreiniger fasst 10 l.

a) Berechne, wie viel Bodenreiniger in einer 5-Tage-Woche benötigt wird.

b) Wie lange reicht ein 10-l-Kanister Bodenreiniger?

6 In einem Ausflugslokal sollen heiße Waffeln angeboten werden. Das Rezept führt die Zutaten für die Herstellung von 20 Waffeln auf. Bei sonnigem Wetter werden etwa 240 Gäste erwartet, die Waffeln bestellen.

Belgische Waffeln

1 Pfund* Butter	
$\frac{1}{2}$ kg Mehl	500 ml Sprudel
4 Eier	100 g Zucker

250 g	Butter	1,20 €
1 kg	Mehl	0,65 €
1 l	Sprudel	0,30 €
10	Eier	2,10 €
1 kg	Zucker	1,15 €

a) Rechne aus, wie viele Zutaten benötigt werden, wenn jeder Gast zwei Waffeln erhält.

b) Berechne die Kosten für die Zutaten.

c) Berechne den Verkaufspreis für zwei Waffeln, wenn die Zutaten $\frac{1}{10}$ des Verkaufspreises betragen.

* Pfund – alte Maßeinheit; 1 Pfund = 500 g

Wiederholung

Aufgabe A	**Aufgabe B**
Juri kauft 3 CDs für 18 €. Wie viel muss er für 6 CDs bezahlen, wenn jede CD gleich viel kostet?	Für Streicharbeiten brauchen 4 Arbeiter 5 Stunden. Wie lange brauchen 2 Arbeiter für dieselbe Arbeit?

1 a) Bearbeitet die Aufgaben mit der „Platzdeckchen"-Methode:

1. Bildet zuerst Dreier- oder Vierergruppen. Einigt euch, welche Gruppen Aufgabe A und welche Gruppen Aufgabe B bearbeiten.

2. Jeder Schüler bearbeitet die Aufgabe schriftlich in seinem Abschnitt des Platzdeckchens:
   – Lies zuerst die Aufgabe durch.
   – Prüfe, welche Zuordnung vorliegt: proportional oder antiproportional?
   – Formuliere eine passende Merkhilfe.
   – Berechne das Ergebnis.

3. Danach wechselt ihr im Uhrzeigersinn die Plätze. Lest die Aufzeichnungen des Partners und ergänzt diese, wenn nötig.

b) Vergleicht die Ergebnisse in der Gruppe und überprüft eure Merkhilfen mit der entsprechenden Karteikarte.

c) Vergleicht eure Ergebnisse mit denen der anderen Gruppen. Beschreibt, worin sich proportionale von antiproportionalen Zuordnungen unterscheiden.

2 Entscheide, ob die Zuordnung proportional oder antiproportional ist. Begründe.

a) Äpfel in kg – Preis in €

b) Anzahl der Erntemaschinen – Erntedauer in Tagen

c) Anzahl der Bauarbeiter – Zeit bis zur Fertigstellung in Stunden

d) Anzahl der Fahrkarten – Preis in €

 e) Formuliere zwei weitere Beispiele für proportionale und antiproportionale Zuordnungen. Dein Partner prüft.

3 a) Woran erkennst du nicht proportionale Zuordnungen*? Erkläre anhand des Beispiels: „Jeden Tag joggen vier Personen eine Strecke von 5 km in etwa 30 min. Wie lange brauchen 12 Personen dafür?"

b) Formuliere zwei weitere Beispiele für nicht proportionale Zuordnungen.

Kopiervorlage zur Selbsteinschätzung beachten;
*Zuordnungen, die weder proportional noch antiproportional sind, nennt man nicht proportionale Zuordnungen.

4 a) Übertrage die Tabellen ins Heft. Berechne die fehlenden Werte.
Entscheide, welche Zuordnung jeweils vorliegt. Begründe.

Kekse in g	Preis in €
100	▨
200	3,00
300	▨
400	▨

Anzahl Arbeiter	Zeit in h
1	▨
2	▨
3	6
4	▨

b) Erstelle für jede Aufgabe ein Koordinatensystem und zeichne die Graphen ein.

c) Beschreibe, worin sich die beiden Graphen unterscheiden.

d) Schreibe die Merksätze in dein Heft. Setze folgende Begriffe ein:

antiproportional halbiert oder verdoppelt halbiert oder verdoppelt Hyperbel
halbiert oder verdoppelt verdoppelt oder halbiert fallende Kurve Halbgerade

Eine Zuordnung nennt man proportional, wenn der Wert auf der einen Seite ▨ wird
und der zugeordnete Wert auf der anderen Seite auch ▨ wird.
Der Graph im Koordinatensystem stellt eine ▨ dar.

Eine Zuordnung nennt man ▨, wenn der Wert auf der einen Seite ▨ wird
und der zugeordnete Wert auf der anderen Seite ▨ wird.
Diese Zuordnung wird im Koordinatensystem durch eine ▨ dargestellt.
Man nennt diese Kurve eine ▨.

e) Vergleiche deine Merkhilfen aus Aufgabe **1** mit den Merksätzen aus Aufgabe **4** d).

5 Familie Strunk musste im letzten Jahr für ihr Wasser 144 €
bezahlen. Auf dem abgebildeten Wasserzähler kann
der Wasserverbrauch des letzten Jahres abgelesen werden.

a) Wie viel muss sie in diesem Jahr für ihr Wasser bezahlen,
wenn die Uhr am Tag der Ablesung 172 m^3 anzeigt?

b) Erkläre, wie du rechnen musst.

c) Erklärt die Begriffe „Zweisatz" und „Dreisatz". Was ist der Unterschied?

6 Fünf Vogelkundler unternehmen eine Expedition auf eine kleine Nordseeinsel.
Der auf der Beobachtungsstation vorhandene Proviant reicht ihnen für 8 Tage.

a) Wie lange kann die Expedition dauern, wenn nur vier Vogelkundler mitfahren?

b) Erläutere deine Rechnung. Tausche dich mit deinem Partner aus.

c) Um das Brutverhalten einiger Vögel kennenzulernen, müssen diese mindestens
14 Tage lang beobachtet werden. Für wie viele Vogelkundler reicht der Vorrat?

Der Dreisatz im Beruf und im Alltag

1 Auf einer Terrasse sollen quadratische Platten verlegt werden. Für 0,16 m² werden vier Platten benötigt.

    a) Berechne, wie viele Platten benötigt werden, wenn die Terrasse 4,4 m breit und 8,0 m lang ist.

    b) Berechne, wie viele Platten benötigt werden, wenn quadratische Platten mit einer doppelt so langen Kantenlänge verwendet werden.

2 a) Ein 3-Achser-Lkw ist mit 9 m³ Erde voll beladen. Berechne, wie viele große Schaufeln Erde benötigt werden, um den Lkw zu befüllen.

    b) Eine kleine Schaufel fasst $\frac{1}{4}$ so viel Erde wie eine große Schaufel. Berechne die Anzahl der kleinen Schaufeln, die zur Beladung des Lkw benötigt werden.

    ⭐ c) Es müssen 480 m³ Erde abtransportiert werden. Wie oft muss ein 4-Achser-Lkw fahren, der $\frac{1}{3}$ mehr Erde laden kann als ein 3-Achser-Lkw?

3 In einem Neubau müssen alle Wände verputzt und geschliffen werden. Für die 400 m² große Fläche benötigen drei Maler erfahrungsgemäß 8 Tage.

    a) Erstelle eine Wertetabelle für 1, 2, 3, 6 und 8 Maler. Übertrage die Werte in ein Koordinatensystem. Zeichne den Graphen und beschreibe ihn anschließend.

    b) Wie viele Maler sind nötig, um die Arbeiten in 6 Tagen erledigen zu können? Schätze das Ergebnis mit Hilfe des Graphen. Berechne danach und vergleiche.

4 Ein Obsthändler kauft auf dem Großmarkt 235 kg Äpfel zum Preis von 282 €. In seinem Geschäft möchte er die Äpfel weiterverkaufen.

    a) Berechne den Schaden, der dem Händler durch die verdorbenen Äpfel entstanden ist.

    b) Zu welchem Preis muss er 1 kg Äpfel verkaufen, um den entstandenen Schaden ausgleichen zu können und dabei einen Gewinn von 1,20 € pro kg zu machen?

    c) Zu welchem Preis hätte er 1 kg Äpfel anbieten können, wenn keine Äpfel verdorben gewesen wären?

> Leider sind 15 kg verdorben.

5 Bei einem Basketballspiel steht es nach dem 2. Viertel 54 : 49. Wie lautet das Endergebnis?

6 Die Kaiser-Wilhelm-Schule möchte mit 43 Schülerinnen, 57 Schülern und 17 Lehrerinnen und Lehrern in einen Freizeitpark fahren. Das Busunternehmen verlangt pauschal 1399 € für den Hin-und Rücktransport.

  a) Wie hoch sind die Fahrtkosten pro Person? Runde sinnvoll.

  b) Am Tag des Ausflugs sind 13 % der Schülerinnen und Schüler krank. Wie hoch sind nun die Fahrtkosten pro Person?

  c) Der Förderverein spendet für die Fahrt 170 €. Reicht das Geld aus, um den fehlenden Betrag der erkrankten Schülerinnen und Schüler auszugleichen?

7 In einem Netz befinden sich neun Orangen. Hieraus erhält man etwa 750 ml frisch gepressten Saft. Für ein Klassenfrühstück soll jeder der 13 Schülerinnen und Schüler 0,3 l Saft bekommen.

  a) Berechne, wie viele Netze mit Orangen gekauft werden müssen.

  b) Berechnet gemeinsam, wie viele Netze mit Orangen für ein Frühstück in eurer Klasse (in allen Parallelklassen, in der Oberstufe, in allen Klassen) gekauft werden müssten. Besprecht eure Lösung anschließend in der Klasse.

8 Bauer Scheidt erntet im Sommer sein Getreide. Er arbeitet mit seinem eigenen und einem geliehenen Mähdrescher mit Fahrer. Für die Felder benötigen die beiden Maschinen 7 Stunden. Die Wettervorhersage meldet Regen. Daher möchte Herr Scheidt heute einen dritten Mähdrescher einsetzen.

  a) Berechne, nach wie vielen Stunden das Getreide geerntet ist.

  b) Eine Ballenpresse presst 80 Strohballen pro Stunde. Ein Ballen ist 100 cm lang, 50 cm breit und 40 cm hoch. Die Scheune fasst maximal 800 m³ und soll zu 80 % mit Strohballen gefüllt werden. Wie lange muss die Presse dafür in Betrieb sein?

9 Familie Weber bezahlt für ihr rechteckiges Grundstück 49 036 €. Das Nachbargrundstück ist 54 m² größer. Wie viel zahlt der Nachbar für sein Grundstück bei gleichem m²-Preis?

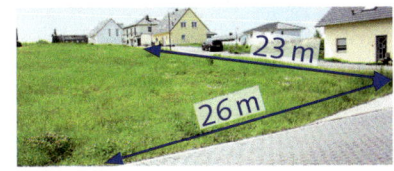

10 Die Becken des Freibads können in fünf Stunden mit drei Pumpen gefüllt werden. Eine Pumpe fällt aus. Wie lange dauert es nun, bis alle Becken mit Wasser gefüllt sind?

Aufgaben rund um Mofa und Roller

1

Rollerführerschein

Klasse AM (seit 2013)
ab 16 Jahren
Höchstgeschwindigkeit 45 km/h

Angebot: Klasse AM - Roller

Grundbeitrag inkl. Theoriestunden ...~~119 €~~ nur 99 €
praktische Fahrstunde (45 min) .... 33 €
Erste-Hilfe-Kurs ....25 €
Prüfungsgebühr ....79 €
Unterrichtsmaterial ....29 €

Noah möchte sich für den Rollerführerschein in der Fahrschule anmelden.

a) Welche Kosten fallen an? Informiert euch auch über die Kosten
in den Fahrschulen in eurer Umgebung.

b) Erstelle eine Wertetabelle zu den Kosten bei verschiedenen Fahrschulen.
Unterscheide zwischen einmaligen Kosten und regelmäßig anfallenden Kosten.

Fahrschule	Grundbeitrag	Fahrstunde	Erste-Hilfe-Kurs	Prüfungsgebühr	Unterrichtsmaterial

2 In der Fahrschule wird den Fahrschülern folgendes Diagramm gezeigt.

a) Beschreibt das Diagramm und erklärt euch gegenseitig die Bedeutung der Begriffe
Reaktionsweg, Bremsweg und Anhalteweg. Nutzt zur Erklärung folgendes Pfeilbild:

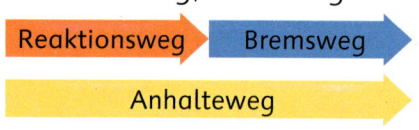

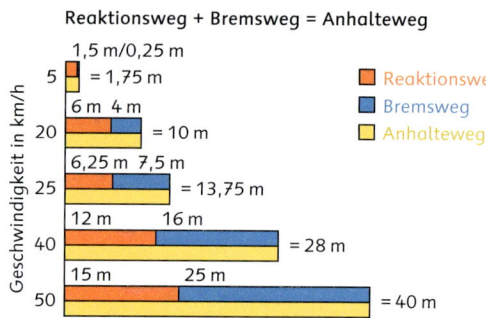

b) Erstellt aus den Angaben im Diagramm zu
jedem Begriff eine Wertetabelle.

c) Überprüft, ob die in den Wertetabellen
dargestellten Zuordnungen proportional,
antiproportional oder keins von beiden sind.

3 Mit Hilfe folgender Faustformeln* kannst du den Reaktionsweg, den Bremsweg und den Anhalteweg ausrechnen.

Reaktionsweg: $s_R = \frac{v}{10} \cdot 3$

Bremsweg: $s_B = \frac{v^2}{100}$

> Erkläre die Abkürzungen. Was
> ist v? Was sind s_R, s_B und v^2?

Reaktionsweg + Bremsweg = Anhalteweg

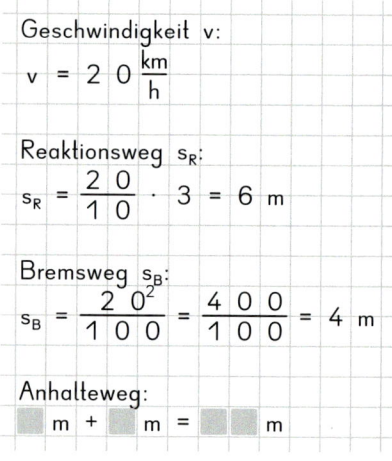

Geschwindigkeit v:

$v = 20 \frac{km}{h}$

Reaktionsweg s_R:

$s_R = \frac{20}{10} \cdot 3 = 6 \text{ m}$

Bremsweg s_B:

$s_B = \frac{20^2}{100} = \frac{400}{100} = 4 \text{ m}$

Anhalteweg:

☐ m + ☐ m = ☐☐ m

a) Wie lang ist der Anhalteweg bei einer
Geschwindigkeit von 20 $\frac{km}{h}$? Erkläre.

b) Berechne den Reaktionsweg, den Bremsweg und
den Anhalteweg bei einer Geschwindigkeit von 10 $\frac{km}{h}$.
Rechne wie im Beispiel.

*Faustformel – eine Methode zur schnellen Ermittlung eines mathematischen oder technischen Wertes,
ohne genaue Berechnungen durchzuführen

4 In einem Wohngebiet liegt das Tempolimit bei $30\frac{km}{h}$.

a) Berechne den Anhalteweg für Geschwindigkeiten von $15\frac{km}{h}$, $30\frac{km}{h}$, $45\frac{km}{h}$ und $60\frac{km}{h}$.

b) Erstelle zu den Ergebnissen eine Wertetabelle und den passenden Graphen.

c) Beschreibe anhand des Graphen, wie sich der Anhalteweg ändert.
Welchen Einfluss sollte das auf das Fahrverhalten in Wohngebieten haben?

5 Ein Kind springt 30 m vor einem Auto auf die Straße. Das Auto kommt kurz vor dem Kind zum Stehen.

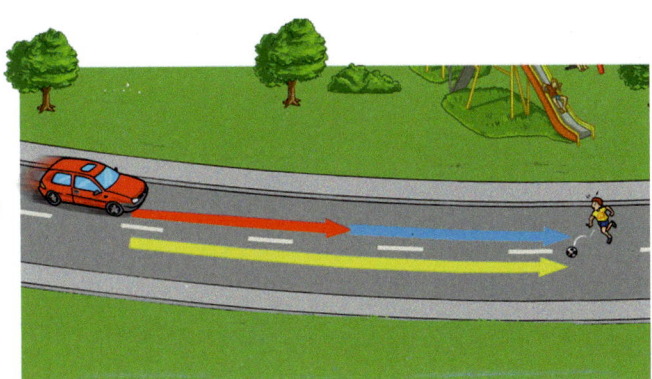

a) Wie schnell ist das Auto gefahren? Schätze.

b) Löse, indem du verschiedene Geschwindigkeiten in die Formel einsetzt.

6 Bei Regen, Schnee und Nebel verändern sich der Bremsweg und damit auch der Anhalteweg bei Fahrzeugen.

a) Beschreibt die Veränderungen. Wird der Bremsweg kürzer oder länger? Wie müssen Autofahrer und andere Verkehrsteilnehmer darauf reagieren?

b) Ist die Reaktionszeit bei jedem Menschen gleich lang? Wodurch kann die Reaktionszeit beeinflusst werden? Diskutiert.

c) Unter welchen Bedingungen kann man die Faustformel für den Reaktionsweg, den Bremsweg und den Anhalteweg anwenden?

7 Noahs Roller verbraucht im Durchschnitt 3,4 l Benzin auf 100 km.

a) Noah fährt jeden Schultag 8 km zur Schule. Für jedes Wochenende plant er im Durchschnitt 20 km ein und in den Ferien pro Woche noch einmal 50 km. Wie viel Liter Benzin verbraucht Noahs Roller im Jahr?

b) Wie hoch sind die aktuellen Benzinkosten für Noahs Roller im Jahr?

Prüfe dich

8 Bei einer mehrtägigen Wanderung werden folgende Strecken zurückgelegt:
32,4 km, 28,9 km, 31,4 km, 27,8 km und 34,5 km.

a) Überschlage. Wie lang ist die Gesamtstrecke? Schreibe deine Rechnung auf.

b) Wie viel Kilometer werden durchschnittlich pro Tag zurückgelegt?

Beruf aktuell: Gebäudereinigerin/Gebäudereiniger

Gebäude müssen regelmäßig von innen und außen gereinigt werden. Diese Aufgabe übernehmen Gebäudereinigerinnen und Gebäudereiniger. Eingesetzt werden sie zum Beispiel in Bürogebäuden, Fabriken und Schulen. In Krankenhäusern, Schwimmbädern oder Pflegeheimen müssen besondere Hygienevorschriften eingehalten werden. Die Reinigung von öffentlichen Verkehrsmitteln sowie Denkmälern im Freien gehört ebenso zum Aufgabengebiet.

Meist erfolgt die Arbeit in einem Team. Je nach Art der Verschmutzung und der zu reinigenden Oberfläche (Glas, Holz, Stein, Teppich, PVC, Parkett) müssen die passenden Reinigungsmittel und Maschinen ausgewählt werden. Alle Arbeitsgeräte werden regelmäßig von den Mitarbeiterinnen und Mitarbeitern gewartet.

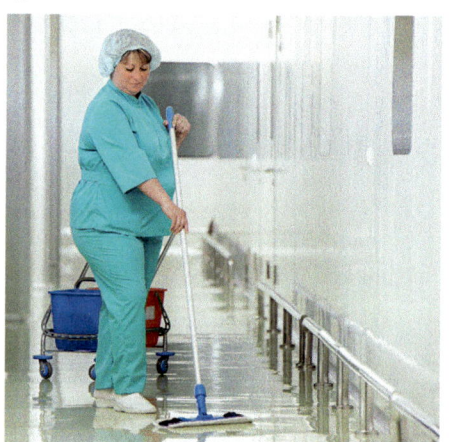

Bei der Reinigung von Außenfassaden an Hochhäusern ist es wichtig, dass man schwindelfrei ist. Gerüste, Arbeitsbühnen oder Leitern müssen bei dieser Arbeit absturzsicher eingesetzt werden.

1 Lest den Text und erstellt gemeinsam zu den Angaben und zu euren Überlegungen eine Mindmap zum Berufsbild der Gebäudereinigerin und des Gebäudereinigers. Übertragt und vervollständigt die abgebildete Mindmap.
Präsentiert und besprecht eure Ergebnisse anschließend in der Klasse.

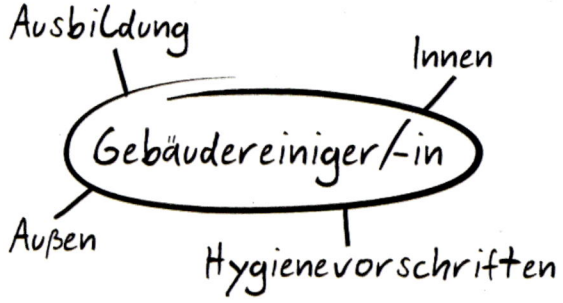

2 a) Vermute, welche Fähigkeiten für den Ausbildungsberuf der Gebäudereinigerin oder des Gebäudereinigers wichtig sind. Recherchiere und überprüfe, ob deine Vermutungen zutreffen. Welche mathematischen Kenntnisse werden benötigt?

b) Die Firma „Scheiben-Klar" bietet zum 1. August einen Ausbildungsplatz zur Gebäudereinigerin/zum Gebäudereiniger an. Formuliert eine passende Stellenanzeige für die Zeitung.

3 Zwei Gebäudereiniger brauchen zum Putzen der Fensterscheiben 5 Stunden.

a) Wie lange braucht ein Mitarbeiter für diese Arbeit?

b) Wie lange brauchen drei Mitarbeiter für die Reinigung?

Gebäudereinigung		Firma A schafft	Firma B schafft
450 Büros	je 18 m²	$184 \frac{m^2}{h}$	$170 \frac{m^2}{h}$
Waschräume	470 m²	$51 \frac{m^2}{h}$	$60 \frac{m^2}{h}$
Treppen/Flure	12 000 m²	$184 \frac{m^2}{h}$	$170 \frac{m^2}{h}$

4

a) Suche dir einen Partner und erklärt euch gegenseitig die Tabelle.

b) Wie lange braucht Firma A, um das komplette Gebäude zu reinigen?
Wie lange braucht Firma B?
Wie groß ist die Zeitdifferenz zwischen beiden Firmen?

c) Wie groß ist der Preisunterschied bei einem Preis von 27,30 € pro Stunde?

5 Ein Pflegeheim benötigt 30 Reinigungskräfte. Innerhalb von 3 Stunden sind erfahrungsgemäß alle Räume gereinigt.

a) Um wie viele Minuten verändert sich die Arbeitszeit für die Mitarbeiter, wenn an diesem Tag nur 27 Reinigungskräfte zum Dienst erscheinen?

b)

Als Aushilfskraft erhalte ich für 3 Stunden 23,70 € brutto. Wie viel bekomme ich für einen 8-Stunden-Tag? Wie viel bekomme ich pro 40-Stunden-Woche?

Ich arbeite 42 Stunden in der Woche. Mein Gehalt beträgt monatlich 1 459,92 € brutto. Wie viel verdiene ich pro Stunde?

c) Um die Böden zu putzen, muss eine „4 %ige Lösung" hergestellt werden.
Das heißt es sollen 4 % Reinigungsmittel im Wischwasser verwendet werden.
Wie kann die Reinigungskraft eine „4 %ige Lösung" herstellen?

6 Von einem Denkmal soll der quaderförmige Sockel gereinigt werden. Die Steine werden mit einem Reinigungsgerät abgestrahlt. Pro Quadratmeter benötigt man 0,2 l Spezialreiniger.
Berechne, wie viel von dem Reiniger benötigt wird.

7 In der Schillerschule müssen zwölf Klassenräume, das Lehrerzimmer, der Computerraum und vier weitere Räume geputzt werden. Die Firma „Sauberwisch" hat dafür $1\frac{1}{2}$ Stunden und 3 Mitarbeiterinnen zur Verfügung.

a) Wie viel Zeit hat eine Mitarbeiterin durchschnittlich für die Reinigung eines Raums?

b) Eine Mitarbeiterin ist erkrankt. Wie verändert sich die verfügbare Zeit pro Raum?

c) Wegen einer Veranstaltung muss die Schule heute innerhalb einer Stunde gereinigt werden. Wie viele Mitarbeiter muss das Unternehmen schicken?

Bist du fit?

Ich fange mit dem Überschlagsrechnen an. Das fällt mir leicht.

Ich finde die Aufgabe zur Umfangsberechnung leicht. Damit beginne ich.

1 a) Überlegt: Warum ist es sinnvoll, mit Aufgaben zu beginnen, die dir besonders leichtfallen?

b) Schau dir die Aufgaben **2** bis **10** an. Welche Aufgaben findest du leicht, welche sind schwieriger zu lösen?

c) Lege fest, in welcher Reihenfolge du die Aufgaben **2** bis **10** bearbeitest.

> Bei schriftlichen Arbeiten lese ich mir zuerst alle Aufgaben durch und überlege, welche Aufgaben ich leicht lösen kann. Mit diesen Aufgaben beginne ich. Schwierigere Aufgaben löse ich erst danach. Am Ende überprüfe ich, ob ich alle Aufgaben gelöst habe.

2 Berechne.

a) $42 + 5 \cdot 4 - 12$
$12 : 4 + 8 : 2$
$56 - 5 \cdot 6 : 3$

b) $9 \cdot (17 + 3) - 4$
$(700 - 2) \cdot 3$
$700 - 2 \cdot 3$

c) $28 - 12 : 6 \cdot 2$
$64 + (28 - 19) - 4$
$(81 : 9 - 3) + 12$

d) $8 \cdot 6 - 12 : 12$
$7 \cdot (200 + 6)$
$4 \cdot (48 - 4 : 4)$

3 a) Subtrahiere 250 412 und 98 478 und multipliziere das Ergebnis mit 42.

b) Bilde das Produkt aus 3 472 und 801 und addiere danach 9 466.

c) Bilde den Quotienten aus 79 425 und 25 und subtrahiere anschließend 2 894.

d) Multipliziere 174 und 291 und dividiere das Ergebnis durch 9.

e) Bilde die Summe aus 86 023 und 415 525 und dividiere durch 4.

4 Welche Ergebnisse können stimmen, welche nicht? Überschlage.

a) $25,4 + 4,376 + 78,1 = 1078,766$
$94,35 - 0,874 - 7 = 86,476$
$88,3 + 2,089 - 10,2 = 801,89$

b) $6,5 \cdot 22,27 \cdot 2,06 = 298,1953$
$83,1516 : 2,4 = 3,46465$
$5,3855 \cdot 12,08 : 2 = 32,52842$

5 Berechne.

a) $\frac{2}{5} + \frac{4}{7}$
$\frac{8}{15} - \frac{3}{10}$
$\frac{7}{8} + \frac{1}{3}$

b) $\frac{7}{12} \cdot \frac{8}{14}$
$\frac{2}{18} : \frac{8}{15}$
$1\frac{5}{6} \cdot \frac{3}{11}$

c) $\frac{5}{6}$ von 240 kg
$\frac{7}{9}$ von 162 m
$\frac{3}{7}$ von 532 g

d) $2\frac{3}{8} + \frac{3}{4}$
$2\frac{1}{3} - 1\frac{5}{6}$
$1\frac{3}{4} + 1\frac{5}{16}$

6 Drei Maler haben in einem Mehrfamilienhaus für 16 Tage Arbeit.

a) Wie lange würden fünf Maler brauchen?

b) Erstelle eine Wertetabelle für ein bis fünf Maler und zeichne einen Graphen.

7 Um Brokkolicremesuppe für vier Personen zu kochen, braucht man folgende Zutaten:
Berechne das Rezept für 7 Personen.

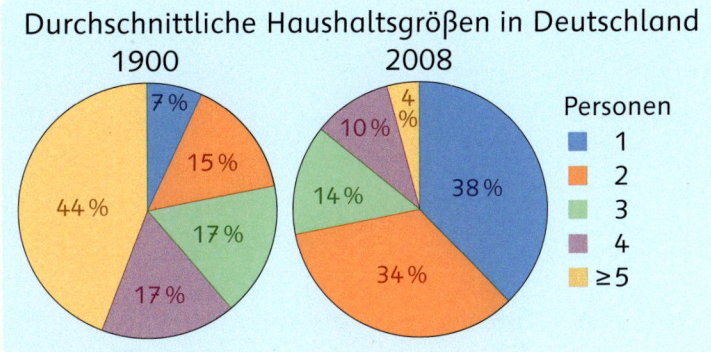

Brokkolicremesuppe	
700 g Brokkoli	1 Zwiebel
25 g Butter	1 l Gemüsebrühe
20 g gehobelte Mandeln	Salz, Pfeffer

8 In den beiden Diagrammen ist die prozentuale Verteilung der Haushaltsgrößen in den Jahren 1900 und 2008 dargestellt.

a) Ordne für beide Jahre die Haushaltsgrößen nach ihrer Häufigkeit.

b) Vergleiche.
Was fällt dir auf?

Durchschnittliche Haushaltsgrößen in Deutschland

1900 — 7%, 15%, 17%, 17%, 44%

2008 — 4%, 10%, 14%, 38%, 34%

Personen
1
2
3
4
≥5

9 Wandle die Größenangaben in die vorgegebenen Einheiten um.
Gib immer die Umwandlungszahl an.

a) 89 cm (m)
1 800 s (min)

b) 479 g (kg)
5,14 l (ml)

c) 12 cm² (mm²)
592 m (km)

d) 3 Tage (h)
666 000 cm³ (m³)

10 Berechne den Umfang.

a)

3,8 cm   2,8 cm
4,1 cm

b)
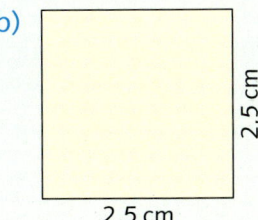
2,5 cm
2,5 cm

c)
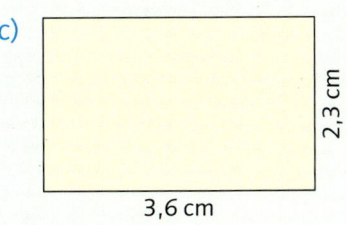
2,3 cm
3,6 cm

11 a) Du hast zuerst Aufgaben gelöst, die du leicht lösen konntest.
Mit welchem Gefühl hast du dann die schwierigeren Aufgaben bearbeitet?
Besprich dich mit einem Partner.

b) Vergleicht in der Klasse: Welche Aufgaben konntet ihr leicht lösen, welche waren schwieriger zu lösen? Worauf müsst ihr besonders achten, wenn ihr Aufgaben in einer anderen Reihenfolge bearbeitet?

Wiederholung: Quadratzahl – Quadratwurzel

1

a) Das abgebildete Quadrat hat eine Seitenlänge von 10 cm. Wie groß ist sein Flächeninhalt?

b) Ein anderes Quadrat hat einen Flächeninhalt von 9 dm². Wie groß ist seine Seitenlänge?

c) Gibt es einen Zusammenhang zwischen der Seitenlänge und dem Flächeninhalt eines Quadrats? Erkläre deine Überlegungen.

2 a) Vervollständige.

$1^2 = 1$
$2^2 = 4$
$3^2 = 9$
$\blacksquare = \blacksquare$
$25^2 = 625$

b) Was fällt dir auf?

$20^2; 2^2; 0{,}2^2$
$300^2; 30^2; 3^2$
$4\,000^2; 400^2; 40^2$
$50^2; 5^2; 0{,}5^2$
$6^2; 0{,}6^2; 0{,}06^2$

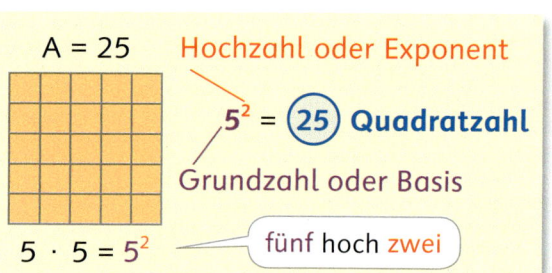

A = 25

Hochzahl oder Exponent

$5^2 = (25)$ Quadratzahl

Grundzahl oder Basis

$5 \cdot 5 = 5^2$

fünf hoch zwei

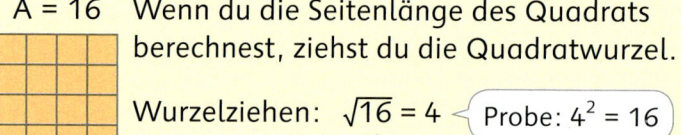

A = 16   Wenn du die Seitenlänge des Quadrats berechnest, ziehst du die Quadratwurzel.

Wurzelziehen: $\sqrt{16} = 4$ Probe: $4^2 = 16$

$\sqrt{16} = 4$ Das ist die Seitenlänge des Quadrats.

Die Quadratwurzel aus 16 ist 4.

3 Ergänze die fehlenden Zahlen. Schreibe ins Heft.

a) $\sqrt{\blacksquare} = 7$, denn $7^2 = \blacksquare$

b) $\sqrt{\blacksquare} = 13$, denn $13^2 = \blacksquare$

c) $\sqrt{36} = \blacksquare$, denn $\blacksquare^2 = 36$

d) $\sqrt{400} = \blacksquare$, denn $\blacksquare^2 = 400$

e) Notiere weitere Aufgaben.

4 Welche Rechnungen sind falsch? Schätze zuerst. Überprüfe danach mit dem Taschenrechner.

a)
$20^2 = 440$
$\sqrt{484} = 22$
$\sqrt{324} = 18$

b)
$\sqrt{360} = 60$
$34^2 = 156$
$22^2 = 444$

c)
$31^2 = 961$
$\sqrt{10\,201} = 111$
$0^2 = 1$

d)
$\sqrt{676} = 27$
$\sqrt{9\,801} = 99$
$\sqrt{2\,500} = 500$

5 a) Zwischen welchen beiden natürlichen Zahlen liegt die Zahl $\sqrt{11}$? Erkläre.

Suche zuerst die beiden benachbarten Quadratzahlen, diese sind $9 = 3^2$ und $16 = 4^2$. Also gilt: $3 < \sqrt{11} < 4$.

b) Zwischen welchen beiden natürlichen Zahlen liegen $\sqrt{18}$, $\sqrt{50}$, $\sqrt{99}$ und $\sqrt{200}$? Schätze zuerst. Überprüfe danach mit dem Taschenrechner.

Kopiervorlage zur Selbsteinschätzung beachten; Angebot in den Kopiervorlagen beachten

Kubikzahl – Kubikwurzel

1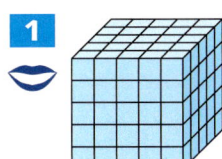

a) Der abgebildete Würfel hat eine Kantenlänge von 5 cm.
Wie groß ist sein Rauminhalt?

b) Ein anderer Würfel hat einen Rauminhalt von $27\,m^3$.
Wie groß ist seine Kantenlänge?

c) Gibt es einen Zusammenhang zwischen der Kantenlänge und dem Rauminhalt eines Würfels? Erkläre deine Überlegungen.

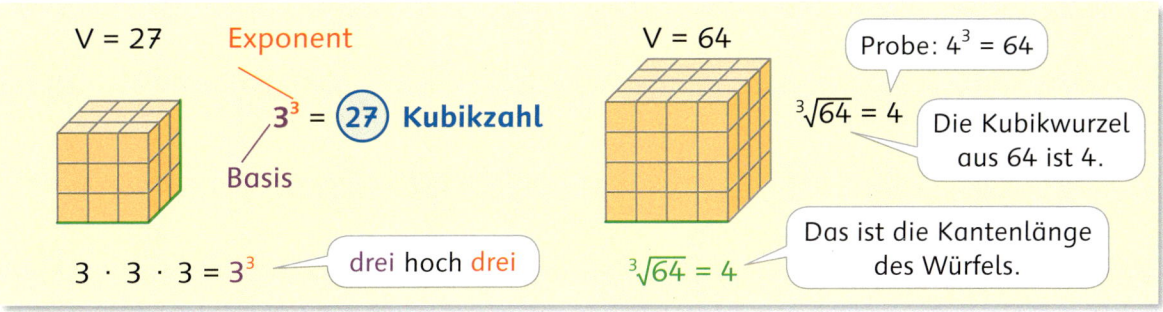

$V = 27$ Exponent $V = 64$

Probe: $4^3 = 64$

$3^3 = \boxed{27}$ **Kubikzahl**

Basis

$\sqrt[3]{64} = 4$ Die Kubikwurzel aus 64 ist 4.

$3 \cdot 3 \cdot 3 = 3^3$ drei hoch drei

$\sqrt[3]{64} = 4$ Das ist die Kantenlänge des Würfels.

2 Ergänze die fehlenden Zahlen. Schreibe ins Heft.

a) $\sqrt[3]{64} = \boxed{}$, denn $\boxed{} = 64$ b) $12^3 = \boxed{}$, denn $\sqrt[3]{\boxed{}} = 12$ c) $\sqrt[3]{\boxed{}} = 8$, denn $8^3 = \boxed{}$

$7^3 = \boxed{}$, denn $\sqrt[3]{\boxed{}} = 7$ $\sqrt[3]{8} = \boxed{}$, denn $\boxed{} = 8$ $15^3 = \boxed{}$, denn $\sqrt[3]{\boxed{}} = 15$

3 a) Ordne zu. Welche Zahl bleibt übrig?

| $\sqrt[3]{8}$ | $\sqrt[3]{512}$ | $\sqrt[3]{729}$ | $\sqrt[3]{1728}$ | $\sqrt[3]{1000}$ | | 9 | 8 | 10 | 11 | 2 | 12 |

b) Denke dir mindestens drei weitere Aufgaben dieser Art aus. Tausche mit deinem Partner und finde die richtigen Lösungen.

4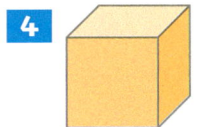

Berechne jeweils die Kantenlänge.

a) $V = 64\,l$
$V = 1331\,dm^3$
$V = 2744\,ml$
$V = 1000\,m^3$

b) $V = 8000\,cm^3$
$V = 0{,}125\,m^3$
$V = 0{,}001\,l$
$V = 0{,}027\,ml$

$1\,l = 1\,dm^3$
$1\,ml = 1\,cm^3$

5 Probiere mit dem Taschenrechner.

a) Kann man aus negativen Zahlen die Quadratwurzel/die Kubikwurzel ziehen?

b) Kann man aus der Zahl 0 die Quadratwurzel und die Kubikwurzel ziehen?

c) Kann das Ergebnis nach dem Wurzelziehen größer sein als der Radikand*?

*Radikand – die Zahl unter der Wurzel; Beispiel: $\sqrt[3]{64} \rightarrow 64$ ist der Radikand;
Angebot in den Kopiervorlagen beachten

Potenzen

Die Potenz ist eine Kurzschreibweise für mehrmalige
Multiplikationen mit dem gleichen Faktor.

$$4 \cdot 4 \cdot 4 \cdot 4 \cdot 4 = 4^5$$

5 Faktoren

vier hoch fünf

Hochzahl oder Exponent

4^5 **Potenz**

Grundzahl oder Basis

1 Schreibe als Potenz.

a) $3 \cdot 3 \cdot 3 \cdot 3 \cdot 3 \cdot 3 \cdot 3 \cdot 3 \cdot 3$

b) $8,2 \cdot 8,2 \cdot 8,2 \cdot 8,2 \cdot 8,2 \cdot 8,2$

c) $110 \cdot 110 \cdot 110 \cdot 110 \cdot 110$

d) $3\,500 \cdot 3\,500 \cdot 3\,500 \cdot 3\,500$

2 Schreibe als Multiplikationsaufgabe und berechne das Produkt.

a) 3^4 b) 5^3 c) 7^0 d) 20^1 e) $0,01^4$ f) $0,5^5$ g) $0,2^3$

6^5 1^6 0^5 8^3 312^2 19^3 81^0

3 a) Wer rechnet richtig, Paul oder Ling-Ling? Begründe.

Ich rechne $5^2 \cdot 5^3 = 5^6$, denn $2 \cdot 3 = 6$.

Also ich rechne zuerst 5^2 und danach 5^3. Anschließend multipliziere ich beide Ergebnisse.

b) Vergleiche $5^2 \cdot 5^3$ mit 5^5. Was stellst du fest?

c) Vergleiche $3^2 \cdot 3^4$ mit 3^6. Finde weitere Beispiele.

d) Vergleiche $2^5 : 2^3$ mit 2^2. Was stellst du fest? Finde weitere Beispiele.

e) Vervollständige die beiden Merksätze.

Potenzen mit gleicher Grundzahl werden multipliziert, indem man …
Potenzen mit gleicher Grundzahl werden dividiert, indem man …

4 a) Vergleicht $4^3 \cdot 2^3$ mit 8^3. Was stellt ihr fest? Findet weitere Beispiele.

b) Vergleicht $12^2 : 3^2$ mit 4^2. Was stellt ihr fest? Findet weitere Beispiele.

c) Vervollständigt die beiden Merksätze.

Potenzen mit gleicher Hochzahl werden multipliziert, indem man …
Potenzen mit gleicher Hochzahl werden dividiert, indem man …

5 Bildet Gruppen und sprecht über eure Ergebnisse aus den Aufgaben **3** und **4**.

6 Schreibe das Ergebnis als Potenz. Beispiel: $3^5 \cdot 3^2 = 3^{5+2} = 3^7$

a) $4^6 \cdot 4^3$ b) $5^4 \cdot 5^3$ c) $2{,}9^7 : 2{,}9^5$ d) $8^{13} \cdot 8^5 \cdot 8^7$

     $7^8 : 7^2$ $3^{12} : 3^8$ $4{,}5^{18} \cdot 4{,}5^{14}$ $3{,}7^7 \cdot 3{,}7^{13} \cdot 3{,}7^8$

7 Schreibe als Produkt von Potenzen.   Beispiel:
Es gibt mehrere Lösungsmöglichkeiten. $\boxed{4 \cdot 4} \cdot \boxed{4 \cdot 4 \cdot 4} = 4^2 \cdot 4^3 = 4^{2+3} = 4^5$

a) $6 \cdot 6 \cdot 6 \cdot 6 \cdot 6$ b) $2 \cdot 2 \cdot 2 \cdot 2 \cdot 2 \cdot 2 \cdot 2 \cdot 2 \cdot 2$ c) $1{,}5 \cdot 1{,}5 \cdot 1{,}5 \cdot 1{,}5 \cdot 1{,}5 \cdot 1{,}5$

8 Ergänze.

a) $8^6 \cdot 8^{\blacksquare} = 8^{10}$ b) $6^{\blacksquare} \cdot 3^4 = 18^4$ c) $\blacksquare^5 \cdot 4^6 \cdot \blacksquare^{\blacksquare} = 4^{20}$

     $7^4 : 7^{\blacksquare} = 7^2$ $15^3 : 5^{\blacksquare} = 3^3$ $\blacksquare^3 \cdot 4^3 \cdot \blacksquare^{\blacksquare} = 24^3$

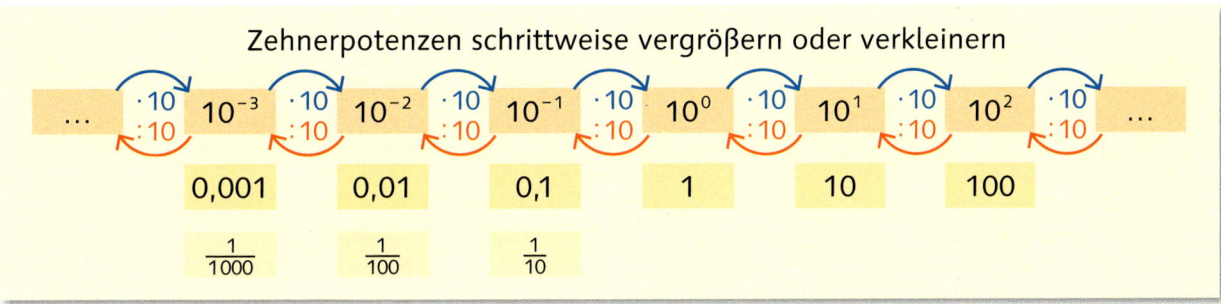

Zehnerpotenzen schrittweise vergrößern oder verkleinern

9 Erkläre mit Hilfe des Merkkastens. — Ich kann auch kleine Zahlen mit Zehnerpotenzen darstellen.

10 Schreibe als natürliche Zahl.
Achte auf das Komma.   Beispiel: $2{,}3 \cdot 10^2 = 2{,}3 \cdot 100 = 230$

a) $6{,}7 \cdot 10^3$ b) $5{,}2 \cdot 10^5$ c) $1{,}3 \cdot 10^{-7}$ d) $4{,}99 \cdot 10^4$ e) $3{,}27 \cdot 10^{-8}$ f) $9{,}01 \cdot 10^{-5}$

11 Schreibe als Zehnerpotenz.
Notiere wie in den Beispielen.   Beispiele: Die Zahl vor dem Komma ist eine Ziffer zwischen 1 und 9.

a) $50\,000$ b) $0{,}0004$
   $320\,000$ $57\,000$
   $0{,}0069$ $0{,}000007$
   $0{,}00085$ $740\,000\,000$

$250\,000 = 2{,}5 \cdot 100\,000 = 2{,}5 \cdot 10^5$

$0{,}00056 = 5{,}6 \cdot 0{,}0001 = 5{,}6 \cdot 10^{-4}$

12 Welche Zahl ist jeweils größer? Vergleiche.

a) Das Universum ist etwa $1{,}38 \cdot 10^{10}$ Jahre alt und unsere Sonne ist etwa $4{,}57 \cdot 10^9$ Jahre alt.

b) Der Durchmesser eines roten Blutkörperchens misst $7{,}5 \cdot 10^{-6}\,\text{m}$ und der Durchmesser eines Wasserstoffatoms beträgt $25 \cdot 10^{-9}\,\text{m}$.

Wiederholung: Größen

1 Welche Maßeinheiten passen zu den einzelnen Bildern? Ordnet die Einheiten
m, kg, min, m², km, t oder l zu. Wechselt euch ab. Begründet eure Zuordnung.

2 Welche Maßeinheit ist für die Größenangaben sinnvoll? Begründet.

a) Dicke eines Haares   b) Volumen eines Koffers   c) Kochzeit von Frühstückseiern

d) Länge des Äquators   e) Gewicht der Erde   f) Länge einer Stadionrunde

g) Zeit im 100-m-Lauf   h) Gewicht eines Elefanten   i) Größe eines Stecknadelkopfes

3 a) Übertrage die Tabelle in dein Heft.
Ergänze mögliche Messgeräte.
Ordne danach den Meßgeräten
die entsprechenden Maßeinheiten zu.

b) Kontrolliert eure Ergebnisse gegenseitig.

Größe	Messgeräte	Maßeinheiten
Länge	Lineal	cm, mm
	Maßband	cm, …
Gewicht		
Zeit		
Flächen		
Volumen		
Winkel		

4 a) Übertragt die Tabelle ins Heft.
Findet passende Beispiele für die Maßangaben.

b) Übertragt auch die folgenden Maßangaben in Tabellen
und ordnet ihnen passende Beispiele zu.

1 sec 1 min 1 h   1 g 1 kg 1 t   1 mm² 1 cm² 1 m²   1 ml 1 l 1 hl

Maße	Beispiel
1 mm	
1 cm	
1 m	

5 Eine Farbdose hat eine Höhe und einen Durchmesser von jeweils 10 cm.
Diskutiere mit einem Partner, ob die folgenden Aussagen richtig sind.

a) 0,5 Liter sind 500 Milliliter.

b) Die Farbdose ist mit 0,5 Liter Inhalt vollständig gefüllt.

c) Wäre die Dose 15 cm hoch, würde mindestens 1 Liter Farbe hineinpassen.

d) Hätte die Dose einen doppelt so großen Durchmesser,
könnte sie mit mindestens 3 Liter Farbe gefüllt werden.

6 Wandle schrittweise in die kleineren Maßeinheiten um. Notiere die Umwandlungszahlen.

$$2\,5\,\text{m} \xrightarrow{\cdot 10} 2\,5\,0\,\text{dm} \xrightarrow{\cdot 10} 2\,5\,0\,0\,\text{cm} \xrightarrow{\cdot 10} 2\,5\,0\,0\,0\,\text{mm}$$

a) 5,762 km
3 h
7,5 t
28 m²

b) 52 l
77 dm²
831 m
290 m³

c) 3 Tage
0,438 kg
6,43 dm³
81,7 km²

> Wenn ich die Umwandlungszahl nicht mehr weiß, schaue ich auf die Karteikarten.

7 Wandle schrittweise in die größeren Maßeinheiten um. Notiere die Umwandlungszahlen.

$$1\,2\,0\,\text{mm} \xrightarrow{:10} 1\,2\,\text{cm} \xrightarrow{:10} 1,2\,\text{dm} \xrightarrow{:10} 0,1\,2\,\text{m}$$

a) 25 cm²
7759 g
10800 s

b) 4,8 cm²
3121 mm³
287 mm

c) 3978 mg
532 cm
15,4 dm²

d) 1,4 cm³
5,8 g
6,2 mm

8 Wandle die Größenangaben in die vorgegebenen Einheiten um. Gib immer die Umwandlungszahl an.

a) 6367 kg (t)
34378 m (km)
1200 s (min)

b) 24 l (ml)
45 min (s)
3978 mg (g)

c) 560 cm³ (m³)
3,44 km (m)
22,3 m (cm)

d) 6,21 m² (cm²)
903,39 g (kg)
53,7 mm (m)

9 Ordnet die Größenangaben. Beginnt jeweils mit der kleinsten Größenangabe.

a) 5,3 m; 5,3 cm; 0,053 km; 530 mm

b) 8,42 kg; 842 g; 0,0842 t; 84 200 mg

c) 23 dm³; 2,3 cm³; 0,023 m³; 0,23 mm³

d) 5 Tage; 1 200 h; 7 200 min

e) 385 cm²; 0,0385 m²; 3,85 km²; 38,5 mm²

f) 784 000 ml; 78,4 l; 7,84 dm³

10 a) Schätze, wie viele Bananenkisten in einem Container transportiert werden können. Eine Bananenkiste hat etwa ein Volumen von 50 dm³.

b) Rechne nach und überprüfe deine Schätzung.

c) Ein Containerschiff kann mit etwa 3 800 Containern beladen werden.

2,50 m

2,40 m

12 m

11 Fermi-Aufgabe:

a) Wie viel hast du bis jetzt in deinem Leben getrunken?

b) Wie viele Badewannen könnte man damit füllen?

c) Wie viel trinkt ein Mensch in seinem Leben, wenn er 78 Jahre alt wird?

Mit Größen rechnen

1 Überschlage. Rechne danach schriftlich. Kontrolliere mit dem Taschenrechner.

a) $3,879\,kg + 5075\,g$
$16,75\,m + 47\,cm$
$30\,dm^2 - 4,2\,cm^2$
$4,3\,l - 26\,ml$

b) $233,58\,m - 44,8\,dm$
$77\,cm^3 + 5\,mm^3$
$100\,t - 37,058\,kg$
$185\,dm^2 + 1,75\,m^2$

c) $13\,m^3 - 427\,dm^3$
$3,701\,g + 15890\,g$
$25,8\,cm^2 + 3,4\,dm^2$
$23\,067\,m - 1,765\,km$

2 Berechne die Zeitspannen.

a) $7\,h\;36\,min + 48\,min$
$4\,h\;23\,min - 37\,min$
$3\,h\;17\,min + 55\,min$
$9\,h\;\;6\,min - 41\,min$

b) $4\,h\;37\,min + 2\,h\;47\,min$
$28\,h\;\;7\,min + 7\,h\;56\,min$
$12\,h\;51\,min - 6\,h\;36\,min$
$7\,h\;47\,min - 2\,h\;12\,min$

c) 12 Tage $+\;\;3$ Wochen
15 Jahre $- 17$ Wochen
43 Jahre $- 26$ Monate
9 Tage $28\,min + 56\,min$

3 Am 8. Mai 1949 wurde die Bundesrepublik Deutschland gegründet.
Wie alt ist sie heute? Besprich dich mit einem Partner.

4

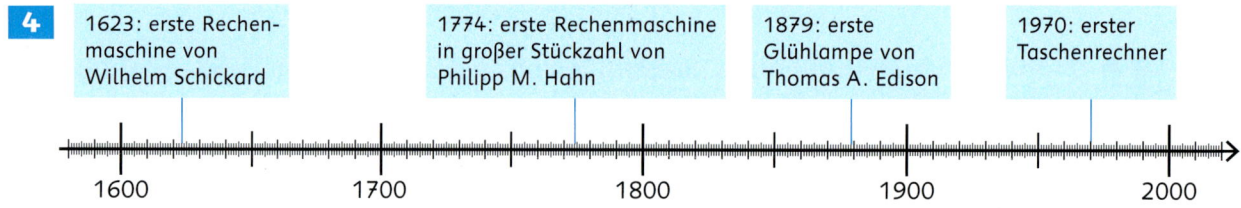

1623: erste Rechen-
maschine von
Wilhelm Schickard

1774: erste Rechenmaschine
in großer Stückzahl von
Philipp M. Hahn

1879: erste
Glühlampe von
Thomas A. Edison

1970: erster
Taschenrechner

1600   1700   1800   1900   2000

a) Wie lange dauerte es, bis nach der Erfindung der ersten Rechenmaschine erste Rechenmaschinen in großer Stückzahl hergestellt wurden?

b) Wie viele Jahre vergingen dann, bis der Taschenrechner erfunden wurde?

5 Dana fährt mit dem Zug von München über Ingolstadt nach Nürnberg. Die Fahrt dauert 2 Stunden 37 Minuten. Sie fährt um 11:17 Uhr in München los und kommt um 14:07 Uhr in Nürnberg an. Wie lange dauert der Aufenthalt in Ingolstadt?

6 An einem Frühlingsmorgen zeigt das Thermometer eine Temperatur von −4 °C. Bis Mittag ist die Temperatur um 15 Grad gestiegen. Am Abend wird es wieder 9 Grad kälter. Welche Temperatur wird am Abend gemessen?

7 Wie viele Rohre mit einer Länge von 5,20 m benötigt man, um eine Leitung von 1 km Länge zu legen? Diskutiere das Ergebnis mit einem Partner.

Das kannst du schon – Aufgaben für Profis

1 In einem Sportstadion findet ein 10 000-Meter-Lauf statt.
Eine Stadionrunde ist 400 m lang.

    a) Wie viele Meter wurden nach $9\frac{1}{4}$ Runden zurückgelegt?

    b) Wie viele Runden müssen die Sportler nach 5 800 m noch laufen?

2 Kenan will seinen Computer reparieren lassen. Der Computerladen berechnet für eine Stunde 54 €. Die Reparatur von Kenans Computer wird 90 Minuten dauern.
Wie viel muss Kenan bezahlen?

3 Eine Flusspferdmutter wiegt 3 t. Ihr Kalb ist 200 kg schwer.
Wievielmal schwerer als das Kalb ist die Flusspferdmutter?

4 Vier Personen haben ein durchschnittliches Gewicht von 69 kg.
⭐ Die erste Person wiegt 76 kg, die zweite 61 kg, die dritte 65 kg.
Wie viel wiegt die vierte Person?

5 Wie groß ist der Flächeninhalt eines 20-Euro-Scheins ungefähr?

    a) Schätzt. Begründet eure Schätzung.

    b) Berechnet danach den Flächeninhalt genau.

6 Ein rechteckiges Grundstück mit einer Länge von 110 m und einer Breite
von 36 m wird in sechs gleich große Bauparzellen aufgeteilt.
Wie viel m² hat ein Baugrundstück?

7 Kenan und Tim laufen auf einem 400 m langen Rundkurs 4 000 m.
⭐ Kenan ist Tim nach jeder Runde $\frac{1}{10}$ Runde voraus. Wie viele Meter
müssen beide noch laufen, wenn Kenan bereits 3 200 m zurückgelegt hat?

8 Die abgebildete Tasse soll mit Flüssigkeit gefüllt werden.

    a) Schätze, wie viel Flüssigkeit etwa in diese Tasse passt,
wenn sie bis zum Rand gefüllt ist.

    b) Gib an, welche Maße du brauchst, um deine Schätzung
durch eine Rechnung überprüfen zu können.

    c) Schätze die Maße und berechne mit diesen Werten das
Volumen der Tasse.

Beruf aktuell: Sozialhelferin/Sozialhelfer

Sozialhelferinnen und Sozialhelfer arbeiten in der Familien-, Heilerziehungs- und Kinderpflege. Sie betreuen, unterstützen und fördern hilfsbedürftige Personen. Im Berufsalltag unterstützen und ergänzen Sozialhelferinnen und Sozialhelfer in erster Linie die Arbeit der Erzieher/-innen in Kindergärten und Kindertagesstätten, der Pfleger/-innen in Alten- oder Behindertenheimen oder sie besuchen für soziale Dienste alte und behinderte Menschen als betreuerische Hilfen in deren häuslichem Umfeld. Sie

erledigen unter anderem Einkäufe, bereiten Mahlzeiten zu, pflegen die Wäsche und die Wohnung und übernehmen Aufgaben bei der Grundpflege kranker und bettlägeriger Menschen. Sie helfen den zu betreuenden Personen bei der Körperpflege, sind aufmerksame Gesprächspartner und leiten zu Beschäftigungen an. Sie helfen Kindern bei den Hausaufgaben und unterstützen sie bei einer sinnvollen Freizeitgestaltung.

1 a) Ina möchte ein Praktikum als Sozialhelferin machen. Wo könnte sie sich überall bewerben?

b) Recherchiere, welche Kompetenzen eine Sozialhelferin oder ein Sozialhelfer haben muss. Tausche dich mit einem Partner aus.

c) Wofür brauchen Sozialhelferinnen und Sozialhelfer Kenntnisse im Fach Mathematik?

2 Abgebildet ist der Dienstplan der Kindertagesstätte „Kinderland" für einen Tag. Wie lange ist die Tagesstätte geöffnet?

	7:00		8:00		9:00		10:00		11:00		12:00		13:00		14:00		15:00		16:00	
Sabine				B	B	B	B	B	B	B		B	B	B	B	B	B	B	B	B
Robert	B	B	B	B	B	B	B	B	B	B	B									
Gabi					B	B	B	B	B	B	B	B	B							
Sigrid	B	B	B	B	B	B	B	B	B	B	B									
Uschi												S	S	S	S	S	S	S	S	S
Loni													B	B	B	B	B	B	B	B
Claudia					B	B	B	B	B			B	B	B	B	B				
Susann				L	L	L	L	L	L	L			B	B	B	B	B	B	B	B
Conny	B	B	B	B	B	B	B	B	B	B	B									
Tina	B	B	B	B	B	B	B	B	B	B	B									

B = Betreuung, S = Betreuung der Schulkinder, L = Leitungsarbeit

3 Beantworte folgende Fragen zum in Aufgabe **2** gezeigten Dienstplan:

   a) Welche Kollegin ist die Leiterin der Einrichtung?

   b) Welche Kollegin betreut die Schulkinder?

   c) Wie lange arbeiten die einzelnen Mitarbeiterinnen am Tag?
   Wie lange arbeiten sie in einer 5-Tage-Woche, wenn sie jeden Tag
   gleich lange arbeiten?

   d) Wie viele Kinder besuchen zwischen 9:30 Uhr und 11:00 Uhr maximal die
   Einrichtung, wenn eine Erzieherin bis zu neun Kinder betreuen darf?

   e) Während des Praktikums darfst du maximal 6 Stunden pro Tag arbeiten.
   Wann wäre es sinnvoll, eine Praktikantin oder einen Praktikanten zum Dienst
   zu bestellen?

   f) Finde weitere Fragen zum Dienstplan. Ein Partner soll sie lösen.

4 Ina arbeitet in den zwei Wochen ihres Praktikums montags bis donnerstags
von 7:30 Uhr bis 14:00 Uhr und freitags bis 13:00 Uhr. Für die Berechnung
der Arbeitszeit wird pro Tag eine halbe Stunde Pause abgezogen.
Wie viele Stunden Arbeitszeit kann Ina pro Woche abrechnen?

5 In der Küche der Kindertagesstätte reicht der Lebensmittelvorrat bei 36 Kindern für
fünf Tage. Wie lange wird er reichen, wenn 45 Kinder die Einrichtung besuchen?

6 Das Mittagessen kostet täglich für jedes Kind 2,50 €. Durch gestiegene Lebensmittel-
preise musste der Preis um 8,5 % erhöht werden. Wie viel kostet nun ein Mittagessen?

7 Wenn Ina eine Ausbildung zur Sozialhelferin machen möchte, muss sie in Zukunft
66 km hin und zurück zur Schule fahren. Bisher ist sie mit dem Roller täglich
18 km gefahren und hatte dafür Benzinkosten von 16,50 € monatlich.
Um wie viel steigen dann ihre Kosten?

8 In dem abgebildeten Gruppenraum soll eine „Bauecke" eingerichtet werden.

   a) Schätze den Platzbedarf für drei Kinder.
   Bedenke auch den Platz für die Bausteine.

   b) Übertrage den Grundriss maßstabsgerecht ins
   Heft. Wo kann die „Bauecke" eingerichtet werden?
   Zeichne sie ein. Begründe.

   c) Die „Bauecke" soll mit Teppich ausgelegt werden.
   Ein Quadratmeter Teppichboden kostet 4,50 €.
   Wie viel kostet der Teppich für die „Bauecke"?

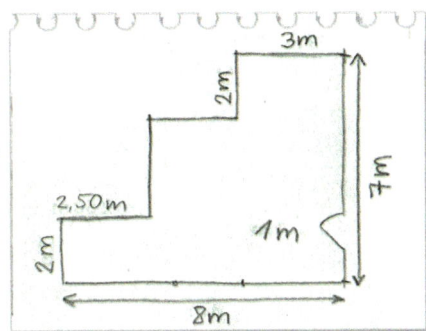

Beruf aktuell: Metallwerkerin/Metallwerker

Metallwerkerinnen und Metallwerker arbeiten meistens in Metallbaubetrieben oder in Betrieben, die Metall verarbeiten. Ihre Arbeitsplätze finden sich meist in Werkhallen und Werkstätten. Metallwerkerinnen und Metallwerker bearbeiten Werkstücke entweder mit Handwerkzeugen oder mit computergesteuerten Maschinen. Dazu suchen sie zuerst in technischen Zeichnungen und Tabellen die richtigen Maße heraus. Diese übertragen sie zum Beispiel mit einem Messschieber auf die Werkstücke. Sie stellen die Maschinen und Geräte auf diese Werte ein. Zusätzlich drehen, fräsen, bohren oder schleifen Metallwerkerinnen und Metallwerker die Werkstücke. Einzelne Komponenten schrauben sie anschließend zusammen. Zum Berufsbild einer Metallwerkerin oder eines Metallwerkers gehört auch die Bedienung und Wartung von Geräten und Maschinen.

1 a) Tim möchte ein Praktikum als Metallwerker machen.
Wie kann er in deinem Heimatort einen Praktikumsplatz finden?

b) Recherchiere, welche Kompetenzen eine Metallwerkerin oder ein Metallwerker haben muss. Tausche dich mit einem Partner aus.

c) Welche mathematischen Kenntnisse brauchen Metallwerkerinnen und Metallwerker?

2 Tim beschreibt in seinem Praktikumsbericht seinen Arbeitstag. Bearbeite die Aufgaben und tausche dich anschließend mit einem Partner darüber aus.

a) Erkläre die Aufgaben, die Tim erfüllen muss.

b) Wie schwer schätzt du die körperliche Belastung im Beruf des Metallwerkers ein?

c) Wie kann sich Tim beim Arbeiten an rotierenden* Maschinen schützen?

d) Für das Entgraten** eines Werkstücks gibt der Meister Tim acht Minuten vor.
Wie viele Werkstücke sollte Tim heute bearbeiten?

7:00 – 7:25 Uhr: Aufgaben besprechen
7:25 – 9:15 Uhr: Material laut Liste zu den Arbeitsplätzen bringen
9:30 – 10:00 Uhr: Metall zurechtschneiden
10:00 – 12:30 Uhr: Werkstücke entgraten
13:00 – 14:15 Uhr: Abfälle entsorgen
14:30 – 15:00 Uhr: Werkstatt aufräumen

* rotieren – kreisen; sich um eine Achse drehen
** entgraten – Beim Entgraten werden Grate entfernt. Grate sind scharfe Kanten von metallischen Werkstücken, die durch Bürsten, Feilen oder Schleifen entfernt werden.

5 Ein Grundstück hat die Form eines Parallelogramms. Zwischen den längeren Seiten, die jeweils 39,80 m lang sind, ist das Grundstück 25 m breit. Die schmaleren Seiten des Grundstücks sind 26,20 m lang.

a) Fertige eine Skizze an und kennzeichne alle angegebenen Maße.

b) Welchen Umfang und welchen Flächeninhalt hat das Grundstück?

6 Ein Eisenbahndamm hat eine Querschnittsfläche von 28,56 m^2 und die Form eines Trapezes. Welche Höhe hat der Damm, wenn er oben 6,40 m und unten 14 m breit ist?

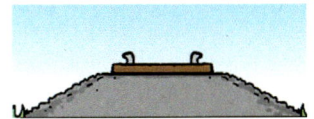

7 Der Mond bewegt sich nahezu auf einer Kreisbahn um die Erde. Sein Abstand zur Erde beträgt dabei durchschnittlich 384 000 km. Wie lang ist die Strecke, die der Mond während einer vollständigen Umkreisung der Erde zurücklegt?

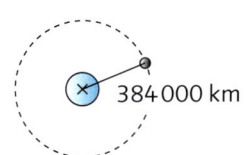

384 000 km

8 Der Umfang einer runden Vasenöffnung beträgt 22 cm. Wie groß darf der Durchmesser eines Blumenstraußes an den Stielen höchstens sein, damit er noch in die Vase passt?

9 Aus einem Blechstreifen, der 1,40 m lang und 30 cm breit ist, werden 18 Kreisflächen mit einem Durchmesser von 15 cm ausgestanzt. Berechnet den Abfall in Quadratzentimeter. Fertigt eine Skizze an und findet gemeinsam einen Lösungsweg.

10 Die japanische Flagge zeigt einen roten Kreis in einem weißen Rechteck. Wenn man die Länge der kurzen Seite des Rechtecks mit 0,6 multipliziert, erhält man die Länge des Kreisdurchmessers.

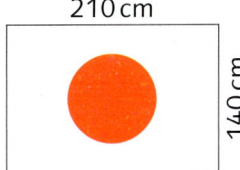

210 cm

140 cm

a) Wie groß ist die gesamte Fläche der Flagge in Quadratmeter?

b) Wie rechnest du? Begründe.

c) Wie groß ist die Fläche des roten Kreises? Gib den Flächeninhalt in m^2 an. Runde auf zwei Stellen nach dem Komma.

d) Wie groß ist die weiße Fläche? Gib den Flächeninhalt in m^2 an. Runde auf zwei Stellen nach dem Komma.

e) Wie viel Prozent der Flagge sind rot gefärbt? Runde den Prozentsatz auf eine ganze Zahl.

Prüfe dich

11 Bestimme den passenden Zähler oder den passenden Nenner.

a) $\frac{3}{4} = \frac{x}{12}$

b) $\frac{x}{45} = \frac{2}{5}$

c) $\frac{28}{56} = \frac{4}{x}$

d) $\frac{15}{x} = \frac{1}{4}$

Zusammengesetzte Flächen

1

Zusammengesetzte Flächen unterteile ich in einfache Flächen.

Die einzelnen Flächeninhalte addiere oder subtrahiere ich danach.

a) Zeichne die abgebildete Figur in dein Heft.

b) Zerlege die Figur in sinnvolle Teilflächen.

c) Berechne zuerst den Flächeninhalt der Teilflächen. Wie groß ist die gesamte Fläche?

d) Vergleicht eure Rechenwege. Welche verschiedenen Zerlegungen habt ihr gefunden?

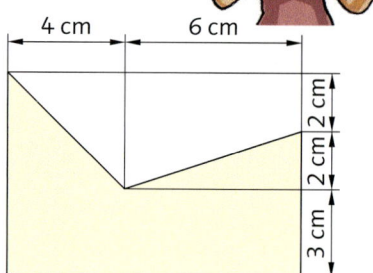

2 Berechne die Flächeninhalte der Figuren durch Zerlegen oder Ergänzen. Die Längen sind in Millimeter angegeben.

a)
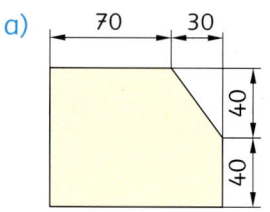

b)
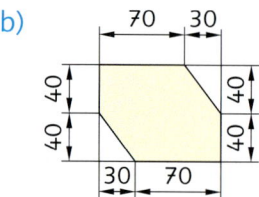

c)
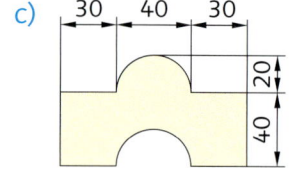

d)
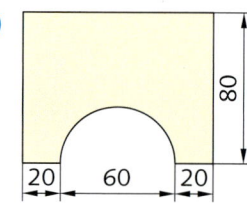

3 Berechne die Wandfläche im Treppenhaus (ohne Türen und Fenster).

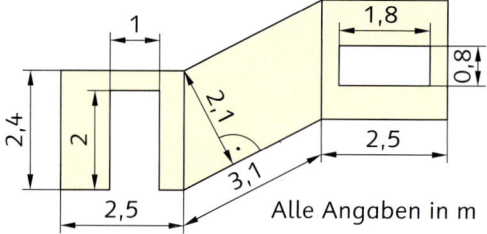

Alle Angaben in m

In meinem Praktikum habe ich diese Wände gestrichen.

4 Ein Dachdecker erhält den Auftrag, das Dach eines Turmes neu einzudecken. Das Dach wird von vier Dreiecksflächen gebildet, die jeweils 6,40 m hoch sind. Der Turm hat eine quadratische Grundfläche mit einer Seitenlänge von 8,20 m.

a) Wie groß ist die Dachfläche?

b) Pro Quadratmeter werden 30 Dachziegel benötigt. Ein Paket mit 10 Stück kostet 23,90 €. Wie viel kosten die Dachziegel?

5 Ein Dreieckszelt ohne Boden hat unten an der Eingangsseite eine Breite von 1,50 m. Der Eingang hat eine Höhe von 1,60 m. Das Zelt ist 2,20 m lang. Wie viel m² Stoff wird mindestens zur Herstellung benötigt?

6 Die Giebelseite eines Hauses muss gestrichen werden. Die Tür ist 2,12 m hoch und 1,10 m breit. Das Fenster ist 1,25 m hoch und 2,50 m breit. Im Baumarkt findet man einen Eimer Farbe, auf dem steht: „Ausreichend für 9 m²"

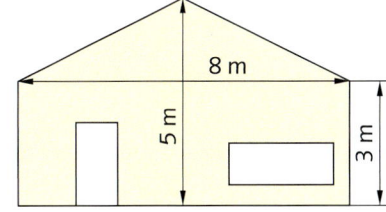

   a) Wie viel Quadratmeter hat die Fläche, die gestrichen werden muss?

   b) Wie viele Eimer Farbe werden benötigt?

7 Auf der silbernen Fläche einer CD können bis zu 700 MB gespeichert werden.

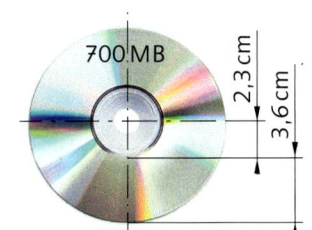

   a) Wie groß ist der Durchmesser einer CD?

   b) Berechne die Fläche, auf der die Daten gespeichert werden können.

8 In einem öffentlichen Park soll ein Beet angelegt und mit Blumen bepflanzt werden. Das Beet soll in der Form und den Maßangaben der Abbildung entsprechen.

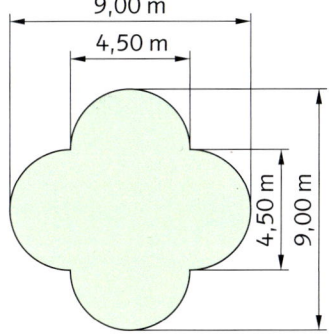

   a) Berechne die gesamte Fläche in Quadratmeter.

   b) Wie viele Pflanzen werden benötigt, wenn je Quadratmeter 64 Pflanzen gesetzt werden?

   c) Berechne den Preis der Pflanzen, wenn eine Pflanze 0,24 € kostet.

9 a) Zeichne ein erweitertes Koordinatensystem (1 cm = 1 Einheit). Trage die folgenden Punkte ein: A (−2|−2), B (2|−2), C (4|1), D (5|4), E (−1|4), F (0|1).

   b) Verbinde die Punkte in alphabetischer Reihenfolge zu einer Figur.

   c) Berechne den Flächeninhalt der Figur.

10 a) Schätzt den Umfang der grauen Figur. Rundet auf ganze cm.

   b) Schätzt den Flächeninhalt der grauen Figur. Rundet auf ganze cm². Erklärt einem anderen Tandem, wie ihr zu eurem Ergebnis gekommen seid.

   c) Nehmt euren Schätzwert aus Aufgabe b). Stellt euch ein beliebiges Rechteck mit dem gleichen Flächeninhalt vor. Wie lang müssten die Seiten a und b sein?

   d) Wie groß müsste der Radius eines Kreises sein, dessen Flächeninhalt etwa so groß ist wie der Flächeninhalt der geschätzten Figur? Begründet.

Beruf aktuell: Maler/-in und Lackierer/-in

Malerinnen und Lackiererinnen und Maler und Lackierer behandeln, beschichten und bekleiden Innenräume und Fassaden von Gebäuden. Sie arbeiten sowohl im Neubau als auch in der Sanierung, Modernisierung und Instandsetzung von Gebäuden und Wohnungen. Weitere Einsatzorte sind die Denkmalpflege und der Einsatz im Gewerbe-, Industrie- und Anlagenbau. Malerinnen und Lackiererinnen und Maler und Lackierer führen ihre Arbeiten selbstständig durch. Sie arbeiten kundenorientiert auf der Grundlage von Arbeitsaufträgen, Plänen und Entwürfen entweder allein oder in einem Team. Sie planen ihre Arbeit und koordinieren diese mit anderen Gewerken. Sie richten Arbeitsplätze ein, legen Arbeitsschritte, benötigte Materialien und Bauteile fest. Sie

ergreifen Maßnahmen zur Sicherheit und zum Gesundheitsschutz bei der Arbeit sowie zum Umweltschutz am Arbeitsplatz. Malerinnen und Lackiererinnen und Maler und Lackierer führen Gespräche mit Kunden, prüfen ihre Arbeiten auf eine fehlerfreie Ausführung und dokumentieren diese. Abschließend erfassen sie den Material- und Zeitaufwand und berechnen die erbrachten Leistungen, bevor sie ihre Arbeit an ihre Kunden übergeben.

1 Die bundesweit geregelte 3-jährige Ausbildung wird in drei Fachrichtungen angeboten: – Gestaltung und Instandhaltung
         – Bauten- und Korrosionsschutz
         – Kirchenmalerei und Denkmalpflege

a) Recherchiere die Gemeinsamkeiten und Unterschiede in den Fachrichtungen.

b) Mit welchen Arbeitsgeräten und Arbeitsmitteln muss eine Malerin und Lackiererin oder ein Maler und Lackierer arbeiten?

c) Woran muss man sich in diesem Beruf gewöhnen?

d) Wofür werden in diesem Beruf mathematische Kenntnisse benötigt?

2 Dana macht ein Praktikum in einer Malerfirma. Mit dem Meister fährt sie zu einer Baustelle. Hier soll Dana die Wände grundieren*.

a) Der Raum, in dem Dana die Wände streichen soll, ist 2,75 m lang, 3,80 m breit und 2,50 m hoch. Die Tür ist 2 m hoch und 1 m breit und das Fenster 1,50 m hoch und 2 m breit.
Für wie viel Quadratmeter muss Grundierung vorrätig sein?
Fertige zuerst eine Skizze an.

b) Bevor Dana streichen kann, muss der Boden abgedeckt werden.
Wie viel Folie wird benötigt?

*grundieren – vorstreichen

3 Die Firma „Farbklecks" wird beauftragt, die Wohnung von Lisa, Lena und ihren Eltern zu renovieren.

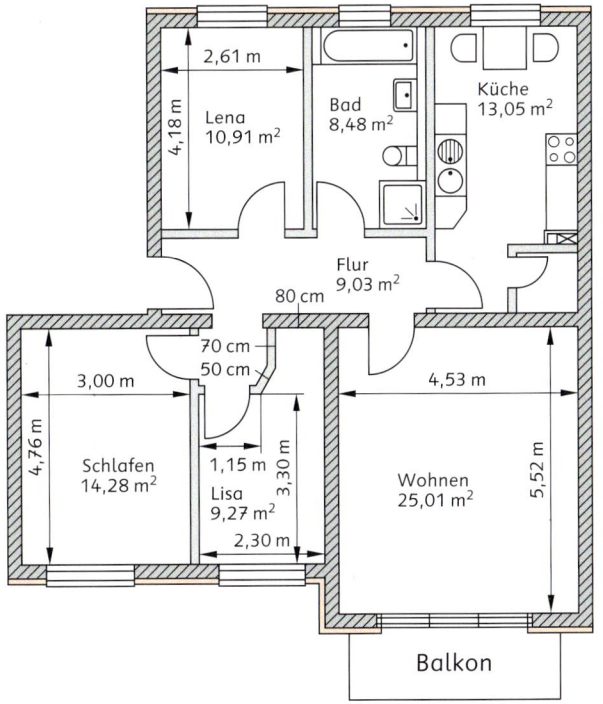

a) Lenas Zimmer wird tapeziert.
Auf einer Rolle sind 10 m Tapete.
Die Rollenbreite beträgt 0,53 m.
Wie viele Rollen werden mindestens benötigt, wenn Fenster und Türen unberücksichtigt bleiben und der Raum 2,50 m hoch ist?

b) Lena hat sich eine Tapete ausgesucht, von der eine Rolle 12,60 € kostet.
Wie teuer ist die Tapete für diesen Raum?

 c) Lisa sucht sich eine Tapete aus, die 13,50 € kostet.
Wie teuer ist die Tapete für Lisas Zimmer?

Nutze zur Bearbeitung der folgenden Aufgaben den Grundriss in Aufgabe **3**.

4 Außer in Bad, Küche und Flur müssen die Decken in allen Zimmern neu gestrichen werden. Für wie viel Quadratmeter muss die Firma Farbe bereitstellen?

5 Die Wände im Schlafzimmer sollen mit abgetönter Farbe gestrichen werden. Die Tür ist 2 m hoch und 0,80 m breit und das Fenster 1,20 m hoch und 1,50 cm breit. Da die Tür- und Fensterflächen nicht mitgestrichen werden, sind sie von der Gesamtfläche abzuziehen. Wie viel Quadratmeter müssen gestrichen werden?

6 Im Wohnzimmer werden alle Wände verputzt. Hier ist das Fenster 2,05 m hoch und 3,00 m breit. Die Tür ist 2 m hoch und 0,80 m breit.

a) Wie viel Kilogramm Putz muss die Firma bereitstellen, wenn man pro Quadratmeter 9 kg benötigt?

b) In einem Eimer sind 20 kg Putz. Er kostet 27,85 €.
Wie hoch sind die Kosten für den Putz?

 c) Der Putz hat eine Dicke von 6 mm.
Wie viel Kubikmeter Putz werden verarbeitet?

7 Für Tapeten, Farben, Arbeitsmaterial und Stundenlohn hat die Firma „Farbklecks" vorab in einem Kostenvoranschlag rund 1 500 € netto berechnet. Da die Familie teurere Tapeten und Farben gewählt hat, erhöht sich der veranschlagte Betrag um 35 %.
Wie hoch sind die Kosten jetzt?

Wiederholung: Der Satz des Pythagoras

1 Greta lässt einen Drachen steigen. Dieser bleibt an der Spitze eines Baums hängen. Die Länge der gespannten Drachenschnur beträgt 25 m. Lena will genau wissen, wie hoch der Baum ist. Sie läuft bis zum Baum und hat dabei 25 Schritte gezählt. (Schrittlänge 0,80 m)

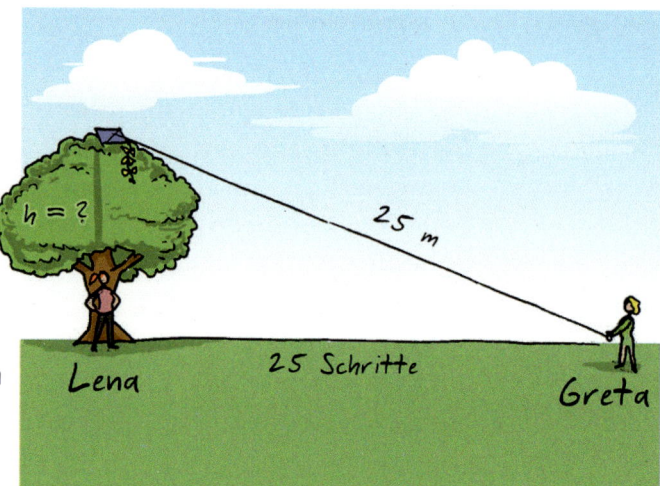

a) Informiere dich in der Formelsammlung oder auf der passenden Karteikarte über den Satz des Pythagoras. Erkläre die Begriffe Hypotenuse und Kathete.

b) Wie kannst du die Höhe des Baums ausrechnen? Fertige eine Skizze an. Schreibe deinen Rechenweg auf. Erkläre danach den Rechenweg einem Partner.

2 Zeichne eine Skizze der rechtwinkligen Dreiecke und berechne die Länge der fehlenden Seite. Runde auf Millimeter.

a) $a = 8$ cm
   $b = 6$ cm

b) $a = 12$ cm
   $b = 13$ cm

c) $a = 6$ cm
   $c = 9$ cm

d) $a = 2,5$ cm
   $c = 7,6$ cm

3 Ein quadratisches Schild hat eine Seitenlänge von 110 cm. Es wird an den gegenüberliegenden Ecken der Diagonalen befestigt. Wie weit liegen die Ecken auseinander? Runde auf zwei Stellen nach dem Komma.

4 Ein Brückenpfeiler ist 25 m hoch. Er soll in einer Entfernung von 15 m mit einem Stahlseil im Boden verankert werden. Wie lang ist das Stahlseil?

5 Ein Hotel brennt im zweiten Stock, der sich 8 m über dem Boden befindet. Das Feuerwehrauto hält in 3 m Entfernung zur Hauswand. Wie lang muss die Leiter ausgefahren werden, damit gelöscht werden kann? Runde sinnvoll.

6 ⭐ Ole hat eine Kiste, die 1,5 m lang, 1 m hoch und 1 m breit ist. Er hat eine Stange, die 2 m lang ist. Passt die Stange in die Kiste?

Tipp: Du musst die Raumdiagonale berechnen. Wende dafür 2-mal den Satz des Pythagoras an.

7 ⭐ Eine 4,5 m hohe Eiche steht 1,8 m von einer Hauswand entfernt. Bei einem Sturm kippt die Eiche gegen die Wand. In welcher Höhe berührt sie die Hauswand?

Das kannst du schon – Aufgaben für Profis

1 Verschiedene Bereiche eines großen Firmengeländes werden durch sechs Kameras überwacht.

Kamera Nr.	überwachter Bereich (in m × m)	Flächengröße (in m²)
1	12 × 13	
2	8 × 7	
3	11 × 14	
4	20 × 19	
5	12 × 6	
6	kurzfristig ausgefallen	

   a) Übertrage die Tabelle in dein Heft.

   b) Berechne die Größe der einzelnen Flächen.

   c) Wenn auch Kamera 6 funktioniert, hat die gesamte überwachte Fläche eine Größe von 1200 m². Wie groß ist die Fläche, die Kamera 6 überwacht?

   d) Wie breit ist die von Kamera 6 überwachte Fläche, wenn sie 9 m lang ist?

2 Ein Geodreieck hat einen Flächeninhalt von 156,25 cm². Wie lang ist die Grundseite, wenn die Höhe 12,5 cm beträgt?

3 Ein Flügel eines Windrades hat vom Mittelpunkt bis zur Spitze gemessen eine Länge von 38 m. Welche Strecke legt die Spitze des Flügels bei einer Umdrehung zurück?

4 ⭐ Aus einer quadratischen Blechplatte soll eine Kreisscheibe ausgeschnitten werden. Die Kreisscheibe hat einen Umfang von 94,2 cm. Welche Seitenlänge muss die Blechplatte mindestens haben?

5 Auf einer runden Holzplatte ist ein rechteckiges Blechschild montiert.

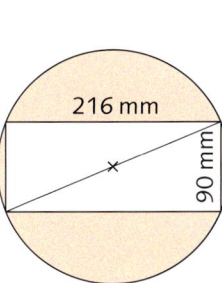

216 mm

90 mm

   a) Welchen Durchmesser hat die Holzplatte?

   b) Berechne den Flächeninhalt der Holzplatte und den Flächeninhalt des Blechschilds.

  ⭐ c) Wie viel Prozent der Holzplatte sind sichtbar?

6 Ein Holzrahmen mit einer Länge von 140 mm und einer Breite von 80 mm soll auf seine rechten Winkel hin überprüft werden.

   a) Wie gehst du vor, wenn du kein Geodreieck zur Verfügung hast?

   b) Fertige eine Skizze an.

   c) Erkläre einem Partner deine Vorgehensweise. Vergleicht eure Ergebnisse.

Grundrisse verstehen und zeichnen

1 Greta möchte nach ihrem Schulabschluss in eine Wohngemeinschaft (WG) ziehen. Gemeinsam mit ihren Freundinnen sieht sie sich einen Aushang an.

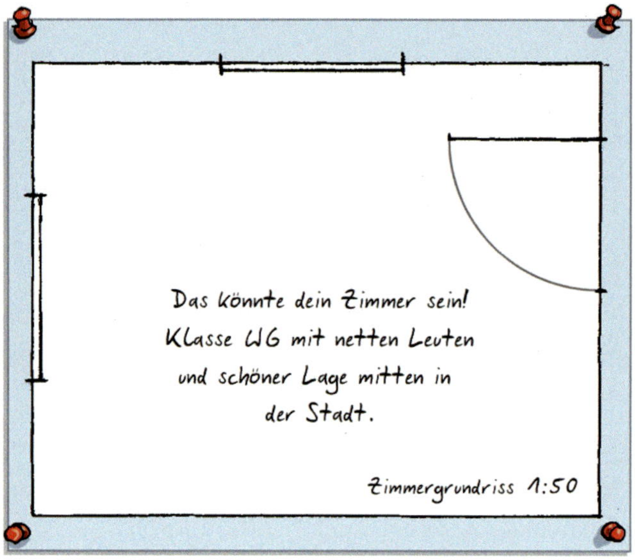

Was bedeutet 1 : 50?

1 cm im Bild entspricht …

Du kannst die wirklichen Maße mit einer Zuordnung berechnen.

Maßstab 1 : 50	
Abbildung in cm	Wirklichkeit in cm
1	

a) Was bedeutet der Begriff Maßstab? Welche Werte werden einander zugeordnet?

b) Miss die Zeichnung aus und berechne die wirklichen Maße des Zimmers.

c) Berechne den Flächeninhalt des Zimmers.

2 Ina ist der Meinung, das Zimmer sei zu klein.

Du kannst nicht einmal dein Bett und deinen Schrank hineinstellen.

Natürlich passt es. Mein Bett ist 2 m × 1 m groß und der Schrank 2 m × 50 cm.

a) Berechne die Maße der Möbel im Maßstab 1 : 50.

b) Übertrage den Grundriss aus Aufgabe **1** ins Heft. Zeichne das Bett und den Schrank ein.

c) Wer hat recht? Stelle deine Lösung vor und begründe.

d) Könnte Greta noch einen Schreibtisch ins Zimmer stellen? Wie groß könnte der Schreibtisch sein?

3 Ein Tisch mit den Maßen 1,80 m × 1,20 m soll im Maßstab 1 : 80, im Maßstab 1 : 40 und im Maßstab 1 : 20 im Grundriss gezeichnet werden.

a) Wie verändern sich die Maße für die Grundrisszeichnung bei den verschiedenen Maßstäben? Vermutet.

b) Berechnet die Maße für den Tisch in den angegebenen Maßstäben.

c) Notiert eine Merkhilfe und stellt sie in der Klasse vor.

Kopiervorlage zur Selbsteinschätzung beachten

4 Bei einer Wohnungsbesichtigung misst Greta ihr zukünftiges Zimmer aus. Die Maße trägt sie in eine Skizze ein. Zu Hause versucht sie, die Skizze in eine maßstabsgerechte Zeichnung zu übertragen. Im Internet findet sie den Hinweis, dass für die Grundrisszeichnung eines Zimmers der Maßstab 1:20 günstig ist.

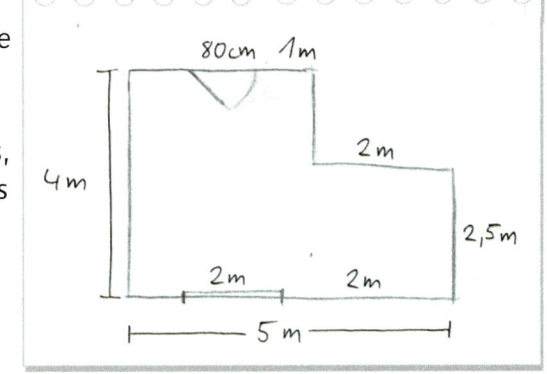

a) Wodurch unterscheidet sich eine Skizze von einer maßstabsgerechten Zeichnung? Erkläre.

b) Berechne die notwendigen Maße für eine maßstabsgerechte Grundrisszeichnung.

c) Erstelle eine Grundrisszeichnung des Zimmers.

5 Um zu sehen, wie die Möbel in das WG-Zimmer passen, misst Greta die Grundfläche ihrer Möbel aus.

a) Zeichne die Grundflächen der Möbel jeweils im Maßstab 1:20 und schneide sie aus.

b) Schlage vor, wie Greta das neue Zimmer einrichten könnte. Nutze dazu deine Zeichnungen der Möbel und die Grundrisszeichnung des Zimmers.

c) Bildet Gruppen. Stellt eure Vorschläge aus Aufgabe b) der Reihe nach vor. Erklärt, warum ihr das Zimmer so einrichten würdet.

Bett: 2m × 1m
Kleiderschrank: 2m × 50 cm
Schreibtisch: 1,5 m × 80 cm
Schreibtischstuhl: 40 cm × 50 cm
Regal 1: 0,8 m × 30 cm
Regal 2: 1,40m × 40 cm

d) Notiert in der Gruppe, worauf bei der Einrichtung des Zimmers zu achten ist. Stellt eure Ergebnisse der Klasse vor.

e) Einigt euch auf einen Einrichtungsvorschlag. Übertragt ihn auf ein DIN-A3-Papier. 0,5 m in der Zeichnung sollen 5 m in der Wirklichkeit entsprechen. Bestimmt den Maßstab.

6 Beim Zusammenbauen eines Schranks findet Greta folgende Bauanleitung:

a) Was bedeutet dieser Maßstab?

b) Wie lang ist die Schraube in der Wirklichkeit?

c) Wie lang wäre die Schraube im Bild bei einem Maßstab von 5:1?

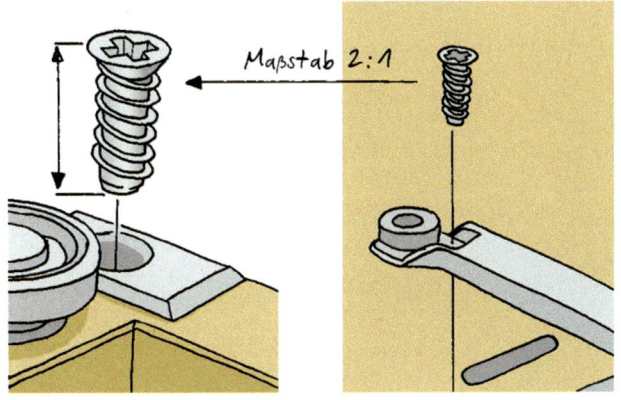

Maßstab 2:1

Wohn- und Renovierungskosten berechnen

1 Bei der monatlichen Wohnungs-
miete gibt es verschiedene Kosten
zu bedenken.

> **Oldenburg** 1,5-Raum-Wohnung, 43 m², sehr gute
> Verkehrsanbindung, neues Bad, Kaltmiete 249,- €,
> Nebenkosten 62,- €, zzgl. Strom.

Die **Kaltmiete** betrifft nur die Miete der Räume.
Sie richtet sich nach der Größe, dem Zustand und
der Lage der Wohnung. Die Höhe der Kaltmiete
lässt sich anhand des Mietspiegels* einschätzen:

Alle anderen Kosten werden
Nebenkosten genannt. Der
Vermieter rechnet Kosten ab,
die sich auf den Unterhalt des
Hauses und der Wohnung beziehen. Nebenkosten sind z. B.
Müllabfuhr, Wasser, Heizung
und Versicherungen. Dazu
kommen die Stromkosten. Oft
muss der Mieter sich selbst um
den Vertrag mit einem Stromanbieter kümmern.

Oldenburg (Oldenburg), Stadt: Mietpreise für Wohnungen

Tendenz ↘

Wohnfläche	Aktuelle Werte September		
	ø in € pro m²	Min. in € pro m²	Max. in € pro m²
bis 40 m²	8,92	6,97	11,11
40 – 80 m²	7,32	5,30	12,11
80 – 120 m²	7,28	4,04	10,45
ab 120 m²	7,19	4,08	12,50

a) Erkläre die folgende Aussage: Warmmiete = Kaltmiete + Nebenkosten

b) Welche Informationen lassen sich aus dem Mietspiegel ablesen?
Wie lassen sich die Mimimal- und die Maximalpreise erklären?

c) Wie beurteilst du die Höhe der Kaltmiete für die Wohnung? Begründe.

d) Recherchiert und vergleicht die Miete in einer Großstadt und auf dem Land.

2 Im Internet lassen sich Tabellen mit Durchschnittswerten für den Stromverbrauch
eines Haushalts in Kilowattstunden (kWh) pro Jahr finden. Mit diesen lassen sich die
Angebote der Stromanbieter vergleichen.

Stromverbrauch nach Haushaltsgröße

Haushaltsgröße	ø kWh/Jahr
1-Personen-Haushalt	2 256
2-Personen-Haushalt	3 248
3-Personen-Haushalt	4 246
4-Personen-Haushalt	5 009

Stadt-Strom-Plus
Grundpreis: 71,49 € im Jahr
zzgl. Verbrauchsspreis: 28,66 ct pro kWh

SuperEnergie
Grundpreis: 85,12 € im Jahr
zzgl. Verbrauchspreis: 26,79 ct pro kWh

a) Welches Angebot ist günstiger? Berechne die Stromkosten pro Monat für einen
Haushalt mit einer Person.

b) Berechne die günstigste Warmmiete für die in Aufgabe **1** angebotene Wohnung.

c) Was fällt euch beim Stromverbrauch der verschiedenen Haushaltsgrößen auf?
Findet eine Erklärung.

*Mietspiegel – Vergleich der üblichen Mietpreise im Ort

3 Greta überlegt, mit welchen Kosten sie rechnen muss, wenn sie das Zimmer in der 4er-WG mietet. Die ganze Wohnung kostet kalt 820 €. Die Nebenkosten werden gleichmäßig auf die Mieter verteilt. Die Stromkosten betragen 1405 € im Jahr. Die weiteren Nebenkosten werden im Monat mit 204 € berechnet.
Wie viel Miete im Monat wird Greta zahlen müssen?
Entwickelt eine gerechte Lösung und stellt euren Rechenweg der Klasse vor. Arbeitet nach der „Think-Pair-Share"-Methode.

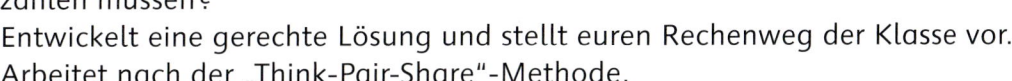

4 Im Allgemeinen gilt die Regel, dass die Warmmiete einer Wohnung nicht mehr als 40 % des Nettoeinkommens betragen sollte.

  a) Warum ist diese Regel sinnvoll? Begründe.

  b) Wie viel Geld sollte Greta pro Monat zur Verfügung haben, damit sie sich das Zimmer leisten kann?

5 Eigentlich hatte sich der Vormieter verpflichtet, das Zimmer bei seinem Auszug zu renovieren. Er bietet Greta 80 € an, wenn sie die Renovierung übernimmt. Greta stellt fest, dass sie tapezieren und streichen muss, und sucht sich die günstigsten Preise zusammen. Für Kleinteile und Verbrauchsmaterial rechnet sie 12 € ein.

Länge ca. 25 m
Breite ca. 53 cm
Preis pro Rolle
3,99 €

Reichweite 7 m²/l
Menge 12 l,
Preis 27,75 €

  a) Sollte Greta das Angebot annehmen? Sie hat Freunde, die tapezieren können und auch das Werkzeug besitzen. Verwendet den Grundriss auf Seite 63, Aufgabe **4**. Die Raumhöhe beträgt 2,50 m. Arbeitet nach der „Platzdeckchen"-Methode.

  b) Vergleicht und diskutiert eure Ergebnisse in der Klasse. Beachtet den Zeit- und Arbeitsaufwand.

Tipp: Bei der Berechnung werden Aussparungen für Fenster und Türen nicht berücksichtigt.

6 Im Internet findet Greta einen noch günstigeren Preis für 12 l Farbe. Der Versand ist kostenlos. Angegeben ist jedoch nur der Nettopreis von 17,29 €. Die Mehrwertsteuer von 19 % kommt noch dazu.

Einrichtungskosten berechnen

1

Sprechblasen:
- Was kostet das wohl zusammen?
- Wenn ich das überschlage, komme ich auf etwa 1 200 €.

KLEIDERSCHRANK 288 €
LAMPE 43 €
MEDIEN-SCHRANK 229 €
BETT 209 €
TISCH 145 €
TEPPICH 204 €
STUHL 79 €

a) Wie hat Greta gerechnet? Beschreibe, wie sie vorgegangen ist.

b) Überschlage. Rechne danach schriftlich. Was stellst du fest?

c) Tausche dich mit einem Partner aus.
Warum ist diese Überschlagsrechnung so genau? Findet eine Erklärung.

d) Ist jede Überschlagsrechnung so genau? Begründet.

2 Das Möbelhaus wirbt mit einem Rabatt-Angebot.

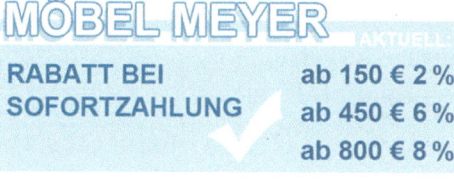

MÖBEL MEYER — AKTUELL:

RABATT BEI SOFORTZAHLUNG
ab 150 € 2 %
ab 450 € 6 %
ab 800 € 8 %

Sprechblase: Ich kann auch 12 % sparen. Dazu muss ich den Einkauf nur so aufteilen, dass ich zweimal über 450 € liege.

a) Wie viel Geld lässt sich sparen, wenn man die Einrichtung in Aufgabe **1** sofort bezahlt?

b) Was hat sich Dana gedacht? Hat Dana recht? Begründe mit einer Rechnung.

3

Sprechblasen:
- Man kann auch in Raten zahlen.
- Wird das dann nicht teurer?

MÖBEL MEYER
RATENZAHLUNG
- keine Anzahlung
- keine Bearbeitungsgebühr
12 Monatsraten Zinssatz 8,52 % pro Jahr

a) Was bedeutet der Begriff Ratenzahlung?
Notiert die Vor- und Nachteile einer Ratenzahlung in einer Tabelle.

b) Wie hoch ist der Gesamtpreis in Aufgabe **1**, wenn der Betrag in Raten gezahlt wird? Wie hoch sind die monatlichen Raten?

c) Informiert euch über die Bedingungen einer Ratenzahlung.

bei Bedarf zum Rechnen der Aufgaben einen Taschenrechner verwenden

4 Greta handelt mit ihrer Mutter einen Preisnachlass bei einem Second-Hand-Verkauf aus: Wenn sie drei Artikel kaufen, bezahlen sie 70 % des Preises, den der Händler ausgeschrieben hat.

a) Wie viel muss Greta noch zahlen?

b) Wie viel Prozent günstiger als in der Werbung in Aufgabe **1** ist der Einkauf?

Lampe 37 €
Tisch 62 €
Stuhl 49 €

Das sind zwar nicht die gleichen Möbel wie in der Werbung, aber fast.

5 Bei einer Internetauktion ersteigert Greta mit ihrem Vater ein fast neues Schlafsofa für 187,34 €. Um es abzuholen, müssen sie einen Anhänger für 21 € leihen. Das Auto verbraucht mit Anhänger 8,7 Liter auf 100 km. Insgesamt müssen sie 153 km fahren. Der Benzinpreis liegt bei 1,64 € pro Liter. Bearbeitet die Aufgabe mit der „Platzdeckchen"-Methode.

MÖBEL MEYER
SCHLAFSOFA 399 €
LIEFERUNG 12 €

a) Berechnet, wie viel Geld Greta für das Schlafsofa tatsächlich bezahlt hat.

b) Wie viel Prozent hat sie gespart?

c) Notiert die Vor- und Nachteile des Kaufs von gebrauchten Möbeln in einer Tabelle.

6 Familie Jonas kauft eine neue Kücheneinrichtung. Sie hat die Möbel ausgesucht und Ben hat sich auf der Homepage über die Packmaße informiert. Das Einrichtungshaus bietet einen Anhänger für zwei Stunden kostenlos und für einen Tag für 21 € zur Miete an. Bearbeitet die Aufgabe mit der „Think-Pair-Share"-Methode.

bis 750 kg
FS-Klasse B

4 Unterschränke je: 42 kg 80 cm × 60 cm × 30 cm	4 Hängeschränke je: 24 kg 80 cm × 60 cm × 30 cm	4 Schränke hoch je: 89 kg 210 cm × 60 cm × 30 cm

L 250 / B 125 / H 160

a) Reicht der Anhänger aus, um alles auf einmal zu transportieren? Begründe mit einer Zeichnung.

Für eine Strecke brauchen wir 45 Minuten. Also kostet uns der Anhänger nichts.

b) Hat Ben recht? Begründe.

7 Mit sechs Personen wird der Aufbau der Küche fünf Stunden dauern. Ein Helfer sagt ab.

a) Wie lange wird der Aufbau der Küche nun dauern?

b) Für die Verpflegung beim Küchenaufbau wurden 24 Brötchen und 15 Liter Getränke eingeplant. Wie viel Brötchen und Getränke werden nun benötigt?

Beruf aktuell: Fliesen-, Platten- und Mosaikleger/-in

Überwiegend werden Fliesen-, Platten- und Mosaik-legerinnen und -leger in Betrieben des Ausbaugewerbes* eingestellt, aber auch die Anstellung im Hoch-, Tief- oder Straßenbau ist möglich. Sie verkleiden Wände, Böden und Fassaden mit verschiedenen Plattenbelägen aus Keramik, Glas und Natur- oder Kunststeinen. Fliesen-, Platten- und Mosaiklegerinnen und -leger verrichten ihre Arbeit auf wechselnden Baustellen, die je nach Betrieb bundesweit verteilt oder auch im Ausland liegen können. Ihr Tätigkeitsfeld ist vielseitig. Die Beratung von Kunden, das Bearbeiten verschiedener Materialien und die Abstimmung mit anderen Fach-kräften gehören zu ihren Aufgaben. Die Tätigkeit erfordert ein hohes Maß an körperlicher Anstrengung. Außerdem ist ein sorgfältiger Umgang mit gesundheits-gefährdenden Stoffen gefordert.

1 Beim Bewerbungstraining werden verschiedene Fragen zum Beruf gestellt.

a) Warum sind folgende Fragen wichtig? Erkläre.
– Sind Sie bereit, öfter auswärts zu übernachten?
– Sind sie körperlich fit?

b) Welche weiteren Fragen könnten gestellt werden? Formuliere mindestens drei Fragen. Suche dir einen Gesprächspartner, der die Fragen beantworten kann.

2 Die Ausbildung dauert drei Jahre. Die Tabelle zeigt, wie viele neue Ausbildungs-verträge für Fliesen-, Platten- und Mosaikleger/-innen 2012 geschlossen wurden.

Anzahl der Auszubildenden nach Schulabschlüssen	ohne	Hauptschule	Realschule	Abitur/Fachabitur
	39	657	245	39

a) Welcher Schulabschluss ist für diese Ausbildung notwendig? Begründe.

b) Gib die Anteile der Auszubildenden nach Schulabschlüssen in Prozent an.

c) Stelle die prozentuale Verteilung in einem Diagramm dar.

3 Berechne, um wie viel Prozent die durchschnittliche Ausbildungsvergütung pro Jahr erhöht wird.

> 1. Ausbildungsjahr: 606 € brutto
> 2. Ausbildungsjahr: 885 € brutto
> 3. Ausbildungsjahr: 1 118 € brutto

Tabellenkalkulation: ↻ 068–2;
*Ausbaugewerbe – alle Gewerbe, die sich auf den Ausbau eines Hauses beziehen

4 Ein Kunde möchte seine Terrasse in dem abgebildeten Muster auslegen lassen. Die Abbildung zeigt $\frac{1}{9}$ der Gesamtfläche. Die Platten sind nur im Paket zu jeweils 6 Stück erhältlich. Berechne den Gesamtpreis für die benötigten Platten.

Preise je Packung:
Größe 1:   5,12 €
Größe 2:   9,20 €
Größe 3: 14,99 €
Größe 4: 16,78 €

5. Eine Hausfassade wird mit Platten verkleidet. Eine Platte hat die Maße: 1850 mm × 1580 mm. Das Gewicht dieser Platten wird mit 5,4 kg/m² angegeben. Wie schwer ist eine Platte?

6 Für 18 m² Bodenfläche muss Fliesenkleber angerührt werden. Zur Verarbeitung wird Fliesenkleber mit Wasser gemischt. Das Verhältnis dieser Mischung ist: 1,5 l Wasser zu 5 kg Fliesenkleber. Der Verbrauch liegt bei 2,7 kg fertig angerührter Mischung pro m². Löst die Aufgabe mit der „Think-Pair-Share"-Methode.

1,5 l Wasser wiegen 1,5 kg.

a) Wie viel kg dieser angerührten Mischung werden benötigt?

b) Wie viel kg Kleber werden für diese Menge benötigt?

c) Ein 25-kg-Sack Kleber kostet 27,99 €, ein 5-kg-Sack kostet 6,99 €. Berechnet den günstigsten Preis für den benötigten Fliesenkleber.

7 Ein kreisrunder Springbrunnen in einem Garten wird gefliest. Für die Bodenfläche werden Mosaiksteine genutzt, für die Seitenflächen kleine Fliesen. Eine Umrandung von 15 cm Breite wird mit Kieselsteinen bedeckt.

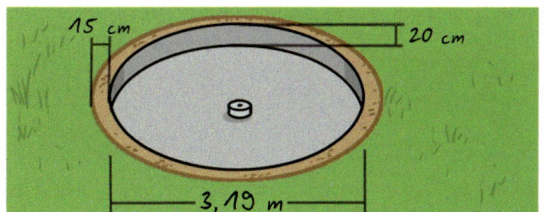

a) Berechne den Flächeninhalt der Bodenfläche. Für die Menge der Mosaiksteine sind 5 % der Fläche als Verschnitt hinzuzurechnen. Wie viel m² Mosaiksteine müssen bestellt werden?

b) Berechne den Flächeninhalt der Seitenflächen. Hier muss mit 10 % Verschnitt gerechnet werden. Wie viel m² Fliesen sind zu bestellen?

c) Welchen Flächeninhalt hat die Kieselstein-Umrandung des Beckens?

Bist du fit?

> Ich kann mir nicht alle Formeln merken.

> In der Abschlussarbeit bekommen wir eine Formelsammlung.

1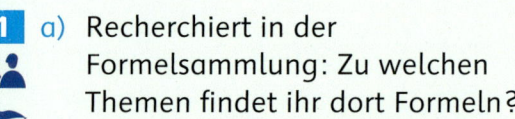

a) Recherchiert in der Formelsammlung: Zu welchen Themen findet ihr dort Formeln?

b) Schaut euch die Aufgaben **2** bis **11** an. Bei welchen Aufgaben müsst ihr mit einer Formel rechnen?

c) Überlegt gemeinsam: Warum ist es sinnvoll, den Umgang mit der Formelsammlung sicher zu beherrschen?

> Bei der schriftlichen Abschlussarbeit kann ich mit einer Formelsammlung arbeiten. Dort finde ich alle notwendigen Formeln. Möglicherweise muss ich eine Formel nach der gesuchten Größe umformen.

2 Überschlage zuerst und rechne danach schriftlich.

a) $541,32\,\text{km} - 4,837\,\text{km}$
$86,5\ \text{m}^2 + 194,332\,\text{m}^2$

b) $129,95\,\text{kg} \cdot 4$
$872,15\,€ : 5$

c) $543\,\text{m} - 106,25\,\text{m}$
$3,95\,\text{l} \cdot 2,5$

3 Berechne.

a) 5^2
9^2
13^2

b) $\sqrt{36}$
$\sqrt{64}$
$\sqrt{144}$

c) 26^1
1^{18}
19^0

4 Zwischen welchen beiden natürlichen Zahlen liegt …

a) $\sqrt{20}$?

b) $\sqrt{40}$? Begründe.

5 Berechne den Flächeninhalt und den Umfang.

a)

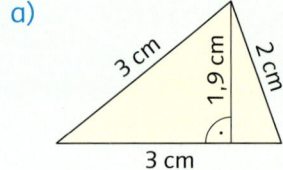

b)

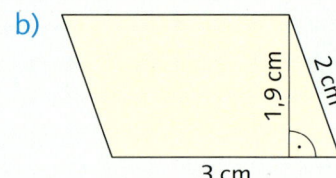

c)

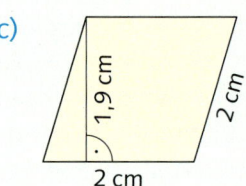

6 Wandle schrittweise in die vorgegebenen Maßeinheiten um. Notiere die Umwandlungszahlen.

a) $520\,\text{mm}$ (m)
$4\,300\,\text{mg}$ (kg)

b) $5\,400\,\text{ml}$ (l)
$81\,\text{cm}$ (km)

c) $43\,200\,\text{s}$ (h)
$97\,000\,\text{cm}^2$ (m²)

d) $680\,000\,\text{cm}^3$ (m³)
$220\,\text{g}$ (t)

7 Berechne die Oberfläche und das Volumen.

a)

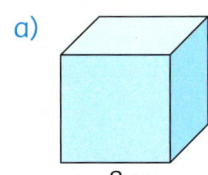

a = 8 cm

b)

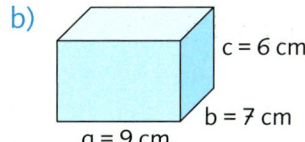

c = 6 cm
b = 7 cm
a = 9 cm

c)

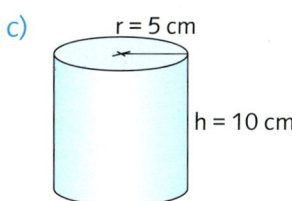

r = 5 cm
h = 10 cm

8 Noah und Mira wollen Spiegel mit Mosaiksteinen verzieren. Mira sucht sich einen runden Spiegel aus, Noah einen quadratischen. Eine 750-g-Packung Glas-Mosaik ergibt ein Fläche von etwa 1 000 cm² und kostet 7,50 €.
Berechne die notwendige Packungsanzahl und den Gesamtpreis.

70 cm
60 cm

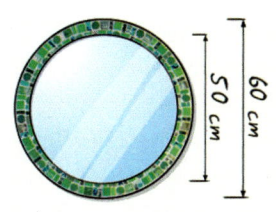

60 cm
50 cm

9 Frau Steiner verdient monatlich 1 440 € netto. Davon gibt sie etwa $\frac{1}{4}$ für Lebensmittel und Freizeit aus, für ihr Auto rechnet sie mit 200 €, für Versicherungen mit etwa 100 €. Sonstige Ausgaben kalkuliert sie mit 200 € ein. Die Miete beträgt genau $\frac{1}{3}$ ihres Netto-einkommens. Wie viel kann Frau Steiner monatlich sparen?

10 Berechne …

a) den Prozentwert W.
   G = 900 g p % = 60 %

b) den Prozentsatz p %.
   G = 500 € W = 25 €

c) den Grundwert G.
   W = 320 km p % = 40 %

11 Berechne die Länge der fehlenden Seite.

a)

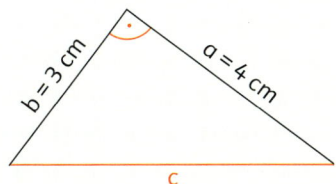

b = 3 cm
a = 4 cm
c

b)

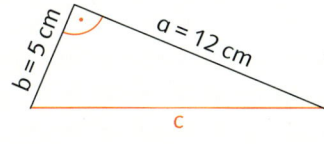

b = 5 cm
a = 12 cm
c

c)

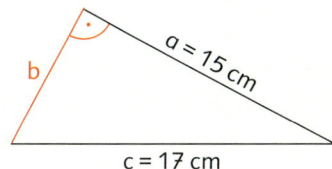

b
a = 15 cm
c = 17 cm

12 a) Welche Aufgaben hast du mit der Formelsammlung gelöst, welche ohne? Welche Aufgaben hast du richtig gelöst?

b) Vergleicht in der Klasse: Welche Formeln wussten viele von euch auswendig? Welche Formeln haben viele von euch nachgeschlagen?

c) Ihr wisst, dass ihr in der schriftlichen Abschlussprüfung mit einer Formelsammlung arbeiten könnt. Welchen Einfluss hat das auf eure Prüfungsvorbereitung? Begründet.

Wiederholung

1 Gib in Prozent an.
👥 Kontrolliert eure Ergebnisse anschließend gegenseitig.

> 15 von 100, $\frac{15}{100}$, 0,15 und 15 % sind das Gleiche.

a) 23 von 100 b) 78 von 100 c) 2 von 200 d) $\frac{45}{100}$

e) $\frac{69}{100}$ f) $\frac{124}{100}$ g) $\frac{4}{10}$ h) $\frac{2}{50}$

i) $\frac{75}{25}$ k) $\frac{1}{5}$ l) $\frac{37}{1000}$ m) $\frac{56}{8}$

n) 0,25 o) 0,7 p) 0,01 r) 0,125

> **Tipp:** Erinnere dich.
> 15 von 100 sind
> $\frac{15}{100}$ = 0,15 = 15 %.
> $\frac{3}{4}$ = 3 : 4 = 0,75 = 75 %

2 Wie groß ist der dunkel gefärbte Anteil? Gib jeweils als Bruch und in Prozent an.
👥 Kontrolliert eure Ergebnisse anschließend gegenseitig.

a)  b)  c) 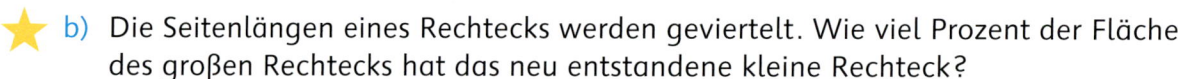 d)

3 a) Die Seitenlängen eines Quadrats werden halbiert. Wie viel Prozent der Fläche des großen Quadrats hat das neu entstandene kleine Quadrat?

⭐ b) Die Seitenlängen eines Rechtecks werden geviertelt. Wie viel Prozent der Fläche des großen Rechtecks hat das neu entstandene kleine Rechteck?

4 a) Lies aus deiner Formelsammlung die Formel zur Berechnung des Prozentwertes ab und notiere sie.

👥 b) Was bedeuten die Begriffe Prozentwert W , Grundwert G und Prozentsatz p % ? Erkläre die Begriffe anhand eines geeigneten Beispiels deinem Partner.

5

> **Tipp:** 100 % − 20 % = 80 %
> alter Preis − Rabatt = neuer Preis

6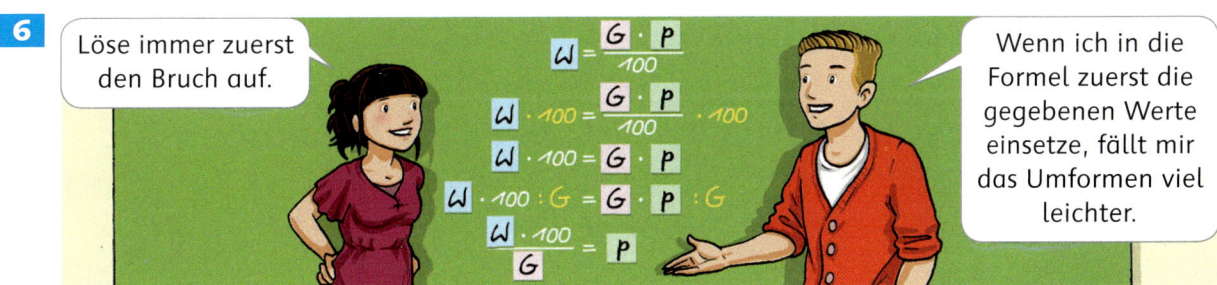

Löse immer zuerst den Bruch auf.

$W = \dfrac{G \cdot P}{100}$

$W \cdot 100 = \dfrac{G \cdot P}{100} \cdot 100$

$W \cdot 100 = G \cdot P$

$W \cdot 100 : G = G \cdot P : G$

$\dfrac{W \cdot 100}{G} = P$

Wenn ich in die Formel zuerst die gegebenen Werte einsetze, fällt mir das Umformen viel leichter.

 a) Beschreibe das Umformen der Prozentwertformel nach dem Prozentsatz p.

 b) Stellt gemeinsam die Prozentwertformel nach dem Grundwert G um.

Löse bei den Aufgaben **7** bis **9** jeweils drei Aufgaben mit der Dreisatztabelle und danach die restlichen Aufgaben mit Hilfe der Formel.

7 Berechne den Prozentwert W.

Jungen in der 10a

	Prozent-satz p %	Anzahl Schüler
: 100	100	15
	1	$\frac{15}{100}$
· 60	60	▢

(: 100) (: 100) (· ▢)

a)
20 % von 500 g
35 % von 800 m
65 % von 120 l
28 % von 700 €
85 % von 160 cm
30 % von 340 t

b)
4 % von 1 300 m²
17 % von 200 €
72 % von 600 kg
36 % von 500 t
99 % von 200 g
22 % von 250 kg

8 Berechne den Prozentsatz p %.

Eintrittspreis

	Preis in €	Prozent-satz p %
: 50	50	100
	1	$\frac{100}{50}$
· 45	45	▢

(: 50) (: 50) (· ▢)

a)
20 € von 100 €
5 km von 10 km
6 h von 24 h
8 t von 160 t
210 kg von 500 kg
160 l von 400 l

b)
15 g von 100 g
48 cm von 960 cm
60 dm von 400 dm
33 mm² von 150 mm²
570 € von 1 500 €
850 m von 5 000 m

9 Berechne den Grundwert G.

ursprünglicher Preis

	Prozent-satz p %	Preis in €
: 70	70	280
	1	$\frac{280}{70}$
· 100	100	▢

(: 70) (: 70) (· ▢)

a)
10 % sind 13 €.
60 % sind 720 km.
14 % sind 224 €.
37 % sind 222 km.
78 % sind 3,12 mm.
80 % sind 520 cm.

b)
25 % sind 18 m³.
82 % sind 5 412 cm.
30 % sind 144 m².
46 % sind 82,8 g.
69 % sind 96,60 €.
75 % sind 34,20 €.

10 War es für dich einfacher, mit der Dreisatztabelle zu arbeiten, oder rechnest du lieber mit der Formel? Begründe deine Meinung.

zum Rechnen der Aufgaben einen Taschenrechner verwenden

Prozentrechnung: Was ist gesucht?

> Wenn ich vermute, dass es sich bei einer Aufgabe um eine Aufgabe zur Prozentrechnung handelt, untersuche ich zuerst, welche Angaben ich der Aufgabe entnehmen kann. Dann weiß ich, wonach gesucht ist, und kann mich für eine der drei Formeln entscheiden.

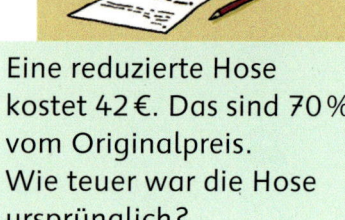

1. Lies die Aufgabe genau.

Der Preis für ein T-Shirt wird von 14 € um 25 % gesenkt. Wie viel Euro beträgt der Rabatt?	Ein Paar Schuhe kostete ursprünglich 79 €. Nun kostet es noch 63,20 €. Wie viel Prozent vom Originalpreis sind das?	Eine reduzierte Hose kostet 42 €. Das sind 70 % vom Originalpreis. Wie teuer war die Hose ursprünglich?

↓　　　　　　↓　　　　　　↓

2. Notiere, welche Angaben gegeben sind.

Der **Preis** für ein T-Shirt wird von **14 €** um **25 %** **gesenkt**. Wie viel Euro beträgt der Rabatt? gegeben: G = 14 € 　　　　　 p % = 25 %	Ein Paar Schuhe **kostete** **ursprünglich 79 €**. Nun kostet es **noch 63,20 €**. Wie viel Prozent vom Originalpreis sind das? gegeben: G = 79 € 　　　　　 W = 63,20 €	Eine reduzierte Hose **kostet 42 €**. Das sind **70 % vom Originalpreis**. Wie teuer war die Hose ursprünglich? gegeben: W = 42 € 　　　　　 p % = 70 %

↓　　　　　　↓　　　　　　↓

3. Prüfe anschließend, was gesucht ist. Du musst alle drei Angaben der Prozentrechnung notiert haben: Grundwert G, Prozentsatz p % und Prozentwert W.

gegeben: G = 14 € 　　　　　 p % = 25 % gesucht: **W** = ?	gegeben: G = 79 € 　　　　　 W = 63,20 € gesucht: **p %** = ?	gegeben: W = 42 € 　　　　　 p % = 70 % gesucht: **G** = ?

↓　　　　　　↓　　　　　　↓

4. Nun kannst du die Aufgabe mit der passenden Formel lösen.

$W = \dfrac{G \cdot p}{100}$	$p = \dfrac{W \cdot 100}{G}$	$G = \dfrac{W \cdot 100}{p}$

Schreibe in dein Heft und löse die Aufgaben.

a) 3 von 18 Schülerinnen und Schülern in der 10 b sind Hundesitter.

b) Von 150 Schülerinnen und Schülern kommen 40 % mit dem Bus zur Schule.

c) 68 % der Schülerinnen und Schüler sind nachmittags in keiner AG. Das sind 34.

d) In einer Klasse haben 9 von 12 Jugendlichen bereits einen Ausbildungsplatz.

Mehrwertsteuer

1

a) Erkläre die Begriffe brutto und netto.

b) Nenne weitere Beispiele, in denen diese beiden Begriffe verwendet werden.

c) Warum erhebt der Staat die Mehrwertsteuer (MwSt.) und wofür nutzt er sie? Recherchiert. Stellt eure Ergebnisse in der Klasse vor.

2 In Deutschland beträgt die Mehrwertsteuer beispielsweise für Bekleidung und Elektrogeräte 19 %. Rechne 19 % Mehrwertsteuer auf die folgenden Nettopreise. Berechne danach den Bruttopreis.

a) 35 €
57 €
1050 €

b) 22 €
215 €
1295 €

c) 8 €
49 €
18 €

geg.: G = 3 5
p % = 1 9 %

ges.: W = ?

Bruttopreis = ?

$W = \dfrac{G \cdot p}{100}$

$W = \dfrac{35 \cdot 19}{100}$

W = ⬜

Bruttopreis: G + W = ⬜

3 **a)** Erkläre.

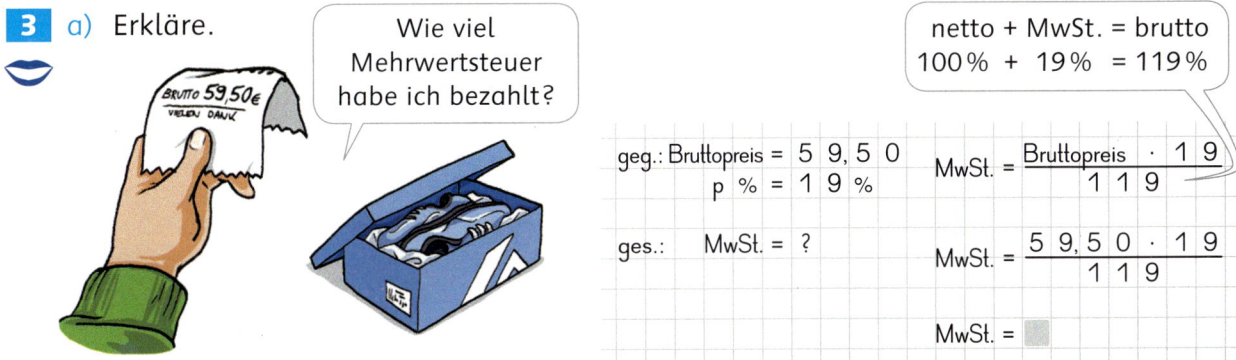

Wie viel Mehrwertsteuer habe ich bezahlt?

netto + MwSt. = brutto
100 % + 19 % = 119 %

geg.: Bruttopreis = 5 9,5 0
p % = 1 9 %

ges.: MwSt. = ?

$MwSt. = \dfrac{\text{Bruttopreis} \cdot 19}{119}$

$MwSt. = \dfrac{59,50 \cdot 19}{119}$

MwSt. = ⬜

b) Warum muss man nicht durch 100 teilen?
Erläutere anhand einer Rechnung mit den Werten aus dem Beispiel.

4 In folgenden Bruttopreisen ist die Mehrwertsteuer bereits enthalten. Berechne die Höhe der Mehrwertsteuer. Berechne den Nettopreis.

a) 1190 €
b) 95,20 €
c) 2,38 €
d) 190,40 €
e) 9,52 €

zum Rechnen der Aufgaben einen Taschenrechner verwenden

Vermehrter und verminderter Grundwert

1

Ich bestimme den bisherigen Grundwert.

Ich berechne den vermehrten Grundwert.

$$1\,0\,0\,\% = 3\,0\,0$$

$$1\,0\,0\,\% = 3\,0\,0$$

$$1\,\% = \frac{3\,0\,0}{1\,0\,0}$$

$$1\,2\,5\,\% = \frac{3\,0\,0 \cdot 1\,2\,5}{1\,0\,0} = 3\,7\,5\ g$$

300g
JETZT 25% MEHR INHALT!

65€
JETZT 19% WENIGER ZAHLEN

a) Erkläre.

b) Finde heraus, wie du den neuen Preis der Uhr berechnen kannst. Beschreibe.

2 Noahs Eltern haben eine Mieterhöhung um 5 % erhalten. Sie haben vorher 500 € Miete gezahlt.

Grundwert 100 %		Erhöhung um 5 %
vermehrter Grundwert 100 % + 5 %		

a) Wie hoch ist die neue Miete?

b) Wie hoch wäre die neue Miete, wenn es eine Mietminderung um 5 % gegeben hätte?

3 Erkläre die beiden beschriebenen Rechenwege.

Mit dem **Prozentfaktor** lassen sich die Aufgaben noch schneller lösen.

Tipp: Überlege.

$$90\,\% = \tfrac{90}{100} = 0{,}9$$
$$100\,\% = \tfrac{100}{100} = 1{,}0$$
$$110\,\% = \tfrac{110}{100} = 1{,}1$$

vermehrter Grundwert

Preiserhöhung um 10 % bei einem alten Preis von 150 €:
100 % **+** 10 % = 110 %

Prozentfaktor:
110 % entspricht **1,1**

neuer Preis:
150 € · **1,1** = 165 €

verminderter Grundwert

Preisminderung um 10 % bei einem vorherigen Preis von 100 €:
100 % **−** 10 % = 90 %

Prozentfaktor:
90 % entspricht **0,9**

neuer Preis:
100 € · **0,9** = 90 €

4 Ermittle jeweils zuerst den Prozentfaktor. Berechne anschließend die Aufgaben mit Hilfe des Prozentfaktors.

$$1\,0\,0\,\% - 3{,}5\,\% = 9\,6{,}5\,\%$$

Prozentfaktor: $9\,6{,}5\,\%$ entspricht $0{,}9\,6\,5$

Straftaten: $1\,4\,0\,0 \cdot 0{,}9\,6\,5 = $

a) Letztes Jahr gab es auf dem Oktoberfest 1400 Straftaten. Dieses Jahr ist die Zahl um 3,5 % gesunken. Wie viele Straftaten wurden in diesem Jahr begangen?

b) Der Speicherplatz eines E-Mail-Accounts wurde von 10 GB um 20 % erhöht. Wie viel Speicher hat der neue Account?

zum Rechnen der Aufgaben einen Taschenrechner verwenden

5 Übertrage die Tabelle in dein Heft und ergänze. Nutze den Taschenrechner.

	Grundwert	Zunahme/Abnahme in %	Prozentfaktor	neuer Grundwert
a)	520 €	+20 %	▨	▨
b)	9 500 €	−12 %	▨	▨
c)	360 €	▨	0,75	▨
d)	60 €	▨	1,3	▨
e)	1 700 €	−40 %	▨	▨
f)	236 €	▨	1,18	▨

6 Für die Mitarbeiter im Einzelhandel gelten ab dem 1. Januar neue Tarifverträge. Die Bruttolöhne werden um 4,1 % steigen. Berechne die neuen Bruttolöhne.

Name	alter Bruttolohn
Frau Maier	1 550 €
Herr Müller	1 640 €
Frau Acay	1 720 €

7 Formuliere eine passende Frage. Entscheide, mit welchem Rechenweg du die Aufgaben lösen möchtest.

a) Ein Couchtisch kostet regulär 99 €. Durch eine Sortimentsänderung des Möbelhauses wird der Preis des Tisches um 30 % reduziert.

b) Mira arbeitet erneut in den Sommerferien im Eiscafé. Dieses Jahr erhält sie eine Lohnerhöhung um 5 %. Letztes Jahr bekam sie 6,80 € pro Stunde.

c) Ein Autohändler verkauft monatlich ungefähr 60 Gebrauchtwagen. Durch eine Wirtschaftskrise sinkt der Absatz an Gebrauchtwagen um 15 %.

d) Durch Energiesparmaßnahmen konnte die Familie von Kenan den jährlichen Stromverbrauch von 3 400 kWh um 8 % reduzieren.

8 Formuliere zu folgenden Angaben eine realistische Sachaufgabe und berechne den neuen Preis. Überlege zuerst, ob es sich um einen vermehrten oder um einen verminderten Grundwert handelt.

a) Preisreduzierung: 12 %
alter Preis: 160 €

b) Preissteigerung: 20 %
alter Preis: 28 €

c) Preissenkung: 25 %
alter Preis: 600 €

Prüfe dich

9 Schreibe ins Heft und rechne schriftlich.

a)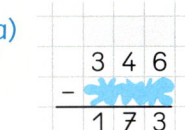

b)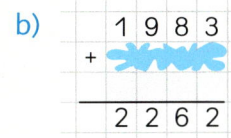

c)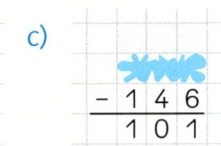

d)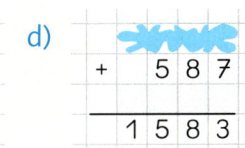

Rabatt und Skonto: Wie viel kann ich sparen?

▶ Als **Skonto** (ital. *scontare* – abziehen, abrechnen) wird ein Preisnachlass bei sofortiger Barzahlung bezeichnet. Skonto wird meist bei größeren Rechnungen (z. B. Autokauf) gewährt.

▶ Als **Rabatt** (ital. *rabattere* – abschlagen, abziehen) wird ein Preisnachlass unter bestimmten Bedingungen (z. B. Schlussverkauf) bezeichnet.

Ich bestimme zuerst den bisherigen Grundwert. Danach berechne ich den …

Ich rechne mit dem Prozentfaktor.

1 Familie Öger möchte ihre Gasrechnung in Höhe von 850 € reduzieren und entscheidet sich für eine Vorauszahlung. Darauf werden 3 % Skonto gewährt.

a) Wie viel Geld kann Familie Öger sparen? Berechne.

b) Erklärt euch gegenseitig, wie ihr gerechnet habt.

c) Welche Chancen und welche Risiken birgt eine Vorauszahlung? Diskutiert.

2 Die Firma Meyer & Müller begleicht innerhalb der von ihrem Lieferanten genannten Frist folgende vier Rechnungen. Darauf werden jeweils 2 % Skonto gewährt. Berechne, wie viel die Firma Meyer & Müller pro Rechnung überweisen muss.

a) 500 €   b) 2 850 €   c) 10 200 €   d) 340 €

e) Wie viel spart die Firma insgesamt durch die zügige Überweisung der Beträge?

3

a) Was bedeuten die Begriffe Frühbucherrabatt, all-inclusive und Halbpension?

b) Wann erhält man einen Frühbucherrabatt? Erkläre.

c) Wie viel kosten die Reisen jeweils nach Abzug des Frühbucherrabatts?

4 Auf der Internetseite „Spare mit Rabatten" werden verschiedene Aktionen angeboten. Kontrolliere jeweils mit einer Rechnung, ob die neuen Preise stimmen.

a) 65 % Rabatt auf ein Fotoshooting. Statt 60 € nur 21 €!

b) Statt 750 € nur 415 € zahlen! 45 % Rabatt auf ein Mofa.

c) 55 % Rabatt auf eine Armbanduhr! Statt 580 € nur 261 € zahlen.

5 Sammle verschiedene Prospekte, in denen mit Rabatten geworben wird. Stimmen die neuen Preise? Rechne nach.

zum Rechnen der Aufgaben einen Taschenrechner verwenden

Das kannst du schon – Aufgaben für Profis

1 Viele Tiere auf der Erde sind vom Aussterben bedroht. Sie werden in der Roten Liste der weltweit bedrohten Arten aufgeführt. Runde die Ergebnisse sinnvoll.

a) Auf der Roten Liste finden sich 1 141 von 4 500 Säugetierarten wieder. Jede wievielte Säugetierart ist bedroht? Rechne.

b) Von 44 800 bewerteten Tier- und Pflanzenarten sind etwa 38 % gefährdet.

c) In Deutschland gibt es wieder etwa 100 Wölfe. Sie leben in zwölf Wolfsrudeln zusammen. Im Sommer 2011 wurden 39 der Wölfe geboren.

2 Dana soll in einem Modegeschäft alle Preise unter 100 € um 5 % erhöhen und alle Preise über 100 € um 15 % senken. Überprüfe ihre Liste. Rechne nach.

alter Preis in €	129,00	45,00	89,00	145,00	199,00
neuer Preis in €	109,65	42,75	93,45	152,25	196,15

3 In einer Dose sind 200 g Kekse. Tatsächlich wiegt die Dose Kekse 240 g.

> Tara ist die Differenz zwischen brutto und netto.

a) Berechne die Tara. Wie viel Prozent der Bruttomasse entfallen auf die Tara?

b) Erkläre mit eigenen Worten anhand eines Beispiels den Zusammenhang zwischen brutto, netto und Tara.

4

Berlin – Gesetzlich Versicherte zahlen derzeit 15,5 Prozent ihres Einkommens in die Krankenversicherung ein. Der Beitrag wird zwischen Arbeitgeber und Arbeitnehmer geteilt. 8,2 Prozentpunkte seines Bruttoeinkommens zahlt ein Arbeitnehmer, 7,3 Prozent übernimmt der Arbeitgeber.

Berechne die Beiträge zur Krankenkasse.
Welchen Anteil zahlt jeweils der Arbeitnehmer und welchen der Arbeitgeber?

a) Frau Tax arbeitet als Steuerfachangestellte und verdient 1 600 € brutto.

b) Herr Edward liebt seinen Job als Friseur. Er verdient 1 350 € brutto.

5 Das Architekturbüro Teda & Tox soll die Rechnung begleichen.

a) Wie hoch ist der Brutto-Rechnungsbetrag? Berechne.

b) Berechne den Betrag, der zu überweisen ist, wenn 3 % Skonto gewährt werden.

Nr.	Artikel	Menge	Preis	Betrag
1	Farbe weiß	10 Liter	12,00	120,00 €
2	Kleinmaterial	1,00	15,00	15,00 €
3	Stundenlohn	8,00 Std.	20,00	160,00 €
4	Anfahrt	pauschal	55,00	55,00 €
Netto-Rechnungsbetrag				✳✳✳
+ 19 % MwSt.				✳✳✳
Brutto-Rechnungsbetrag				✳✳✳

zum Rechnen der Aufgaben einen Taschenrechner verwenden

Löhne in verschiedenen Ausbildungsgängen und Berufen

1

durchschnittliche monatliche Ausbildungsvergütung brutto*	1. Jahr	2. Jahr	3. Jahr
Bäcker/-in	430€	550€	670€
Gerüstbauer/-in	590€	780€	1020€
Fachkraft für Automatenservice	500€	550€	–
Gärtner/-in	515€	615€	700€
Fachlagerist/-in	688€	749€	–
Gebäudereiniger/-in	615€	745€	880€
Maler/-in und Lackierer/-in	505€	555€	690€
Fliesenleger/-in	606€	885€	1118€

> Warum verdient ein Gerüstbauer im 3. Lehrjahr so viel?

a) In welchem Beruf ist die Ausbildungsvergütung im 2. Lehrjahr am höchsten?

b) Wie hoch ist die Ausbildungsvergütung im gesamten 1. Lehrjahr als Gärtnerin oder Gärtner?

c) Warum gibt es im 3. Lehrjahr bei der Ausbildung zur Fachlageristin oder zum Fachlageristen keine Ausbildungsvergütung?

d) In welchem der genannten Berufe ist über die gesamte Ausbildungszeit die Vergütung am höchsten? Vergleicht eure Ergebnisse.

e) Formuliere eigene Aufgaben. Dein Partner löst sie.

2 Vergleiche die Ausbildungsvergütung der in Aufgabe **1** genannten Berufe mit den durchschnittlichen Gehältern in brutto für Berufsanfänger.

a) Was kannst du feststellen?

b) Stelle für die Berufe die Ausbildungsvergütung und die Gehälter für Berufseinsteiger in einem Balkendiagramm dar.

c) In welchem Beruf verdient man in 5 Jahren (inklusive Ausbildung) am meisten?

d) Berechne jeweils die prozentuale Gehaltssteigerung von Lehrjahr zu Lehrjahr.
Vergleiche diese Steigerungen mit dem Gehaltsunterschied zwischen Lehre und Berufsanfänger.
Was stellst du fest?

durchschnittliches Gehalt für Berufsanfänger mit Ausbildung	pro Monat (brutto)
Bäcker/-in	1932€
Gerüstbauer/-in	2419€
Fachkraft für Automatenservice	1700€
Gärtner/-in	1955€
Fachlagerist/-in	1616€
Gebäudereiniger/-in	2044€
Maler/-in und Lackierer/-in	2189€
Fliesenleger/-in	1893€
Hauswirtschaftshelfer/-in	1384€
Beikoch/Beiköchin	1341€
Sozialhelfer/-in	1260€
Metallwerker/-in	2200€

Kopiervorlage zur Selbsteinschätzung beachten;
*Folgende in Band 9 und 10 vorgestellten Berufe haben eine schulische Ausbildung und werden daher nicht vergütet: Hauswirtschaftshelfer/-in, Beikoch/Beiköchin, Sozialhelfer/-in und meist Metallwerker/-in.

3 Nutze zur Bearbeitung der Aufgabe die Tabellen auf Seite 80.

 Ich verdiene im ersten Lehrjahr insgesamt 8 256 € brutto.

Ich verdiene im zweiten Lehrjahr insgesamt 7 380 € brutto.

a) Wie viel verdienen Jonas und Anne pro Monat? Welche Berufe lernen sie?

b) Wie hoch wird etwa ihr erstes Jahresgehalt sein, wenn sie ausgelernt haben?

4  Ich bekomme eine Gehaltserhöhung von 4 %.

beide vorher 2 275,64 € brutto

Ich bekomme ab nächstem Monat 95 € mehr Lohn.

a) Wer verdient nach der Gehaltserhöhung mehr? Berechne und vergleiche.

b) Wie hoch ist bei der Frau die Gehaltssteigerung in Prozent?

5  Ich habe den Beruf gelernt. Ich verdiene pro Monat 2 200 € brutto.

Ich habe keine Ausbildung. Ich bekomme 9,50 € brutto pro Stunde.

a) Wer verdient mehr, wenn beide pro Woche 40 Stunden arbeiten?

b) Wie viele Stunden müsste der ungelernte Mitarbeiter pro Woche (Monat, Jahr) mehr arbeiten, um genauso viel zu verdienen wie der gelernte Gärtner?

6 Fermi-Aufgabe:

a) Wie viel verdient ein Bäcker in seinem Leben, wenn er mit 17 Jahren seine Lehre begonnen hat?

b) Berücksichtige eine Gehaltssteigerung von 3 % alle 5 Jahre.
Wie ändert sich dadurch der Lohn für das gesamte Arbeitsleben?

c) Berechne für deinen Traumberuf annähernd den Verdienst in deinem Leben.

d) Prüfe mit einem Partner, wo die Schwierigkeiten bei dieser Schätzung liegen.

Bruttolohn und Nettolohn

1 Jens ist Fliesenleger im 1. Lehrjahr. Auf seiner monatlichen Abrechnung ist zuerst immer die **Bruttovergütung** angegeben. Von dieser werden die Steuern und die Sozialabgaben (Kranken-, Pflege-, Renten-, Arbeitslosenversicherung) abgezogen. Was dann übrig bleibt, ist die **Nettovergütung**.

	Monat	Jahr
Bruttovergütung	590 €	7 080 €
Lohnsteuer	0 €	0 €
Solidaritätszuschlag	0 €	0 €
Kirchensteuer	0 €	0 €
Sozialabgaben		
Krankenversicherung (8,2 %)	48,38 €	580,56 €
Pflegeversicherung (1,025 %)	6,05 €	72,60 €
Rentenversicherung (9,45 %)	55,76 €	666,72 €
Arbeitslosenversicherung (1,5 %)	8,85 €	106,02 €
Nettovergütung	xxxxxx	xxxxxx

a) Auf der Monatsabrechnung von Jens stehen die Bruttovergütung und die Sozialabgaben. Wie hoch sind seine Sozialabgaben im Monat und im Jahr?

b) Seine Monatsabrechnung ist durch einen Fehldruck nicht vollständig lesbar. Wie hoch ist die Nettovergütung im Monat und im Jahr?

c) Wie groß ist der Unterschied zwischen Brutto- und Nettovergütung? Rechne in Euro und in Prozent.

d) Warum muss Jens keine Steuern zahlen? Vermute. Ab welchem Bruttoeinkommen muss Jens Steuern zahlen? Recherchiere.

2 Darius ist ebenfalls Fliesenleger. Er arbeitet bereits seit 5 Jahren in seinem Beruf.

	Monat	Jahr
Bruttovergütung	2 500 €	
Lohnsteuer	327,41 €	
Solidaritätszuschlag	18,00 €	
Kirchensteuer	26,19 €	
Sozialabgaben		
Krankenversicherung (8,2 %)		
Pflegeversicherung (1,025 %)		
Rentenversicherung (9,45 %)		
Arbeitslosenversicherung (1,5 %)		
Nettovergütung		

a) In der Pause hat Darius Kaffee über seine Gehaltsabrechnung verschüttet. Berechne jeweils die fehlenden Werte. Runde sinnvoll.

b) Was bedeutet Solidaritätszuschlag? Recherchiere.

c) Wie groß ist bei Darius der Unterschied zwischen Brutto- und Nettogehalt? Rechne in Euro und in Prozent.

3 Arbeite mit dem Ergebnis aus Aufgabe **2** a). Darius möchte sich ein neues Auto kaufen und muss dafür einen Kredit aufnehmen. Die Raten betragen monatlich 3 % von seinem Nettolohn. Kann er sich das neue Auto leisten? Was würdest du Darius empfehlen?

Kosten pro Monat:
Miete 675 €
Lebensmittel 250 €
Auto 325 €
Fitnessstudio 80 €
Sonstiges 200 €

Staatliche Zuschüsse und Hilfen

1 Mehmet ist Bäcker im 2. Lehrjahr. Er ist der ältere von zwei Geschwistern und wohnt noch zu Hause. Neben seiner Ausbildungsvergütung bekommt er eine staatliche Berufsausbildungshilfe von 350 € monatlich sowie das Kindergeld von seinen Eltern.

> **monatliches Kindergeld:**
>
> 1. und 2. Kind je 184 €
> 3. Kind 190 €
> alle weiteren Kinder 215 €

a) Wie viel Geld bekommt Mehmet pro Monat? Nutze die Tabellen auf Seite 80.

b) Mehmet hat zu Hause ein eigenes Zimmer. Er zahlt dafür 20 % seines Einkommens an seine Eltern. Wie viel zahlt er monatlich?

c) Seine Eltern zahlen pro Monat für die Wohnung 867 € Warmmiete. Wie viel Prozent der Warmmiete bezahlt Mehmet?

2

> Ich verdiene 749 € und bekomme 45 € Wohngeld.

> Ich verdiene 505 € und bekomme eine Ausbildungshilfe von 83 € und 52 € Wohngeld.

Merle und Justin gründen eine Wohngemeinschaft. Die Miete für die Zweiraumwohnung beträgt 459 €. Ein Zimmer hat 20 m², das andere 14 m². Sie überlegen, wer das größere Zimmer bekommt.

a) Wer von beiden verdient mehr und kann sich eher das große Zimmer leisten?

b) Merle ist Einzelkind und erhält nur die Hälfte ihres Kindergelds. Justin hat zwei ältere Geschwister und seine Eltern geben ihm sein gesamtes Kindergeld. Wer von beiden kann sich nun eher das große Zimmer leisten?

c) Reicht für einen der beiden das Einkommen, um allein in der Wohnung zu wohnen? Begründe.

d) Warum erhalten beide unterschiedlich hohe staatliche Zuschüsse? Recherchiert.

3

a) Berechne das minimale und das maximale Familieneinkommen. Nutze die Tabellen auf Seite 80.

b) Der 14-jährige Schüler säubert 2-mal pro Woche den Supermarktparkplatz. Er arbeitet je drei Stunden und verdient 4,20 € pro Stunde. Zusätzlich trägt er sonntags Zeitungen aus und erhält dafür 23 € pro Sonntag. Die Tochter zahlt monatlich 125 € an ihre Eltern. Wie verändert sich das Familieneinkommen?

c) Welche finanziellen Unterstützungsmöglichkeiten gibt es für die Tochter, wenn sie ausziehen möchte? Recherchiert.

Einen Haushaltsplan mit dem Computer erstellen

1 Um deine Finanzen im Blick zu behalten, kannst du einen Haushaltsplan erstellen. Er hilft dir bei der Kontrolle deiner Einnahmen und Ausgaben. Den Haushaltsplan kannst du mit einem Tabellenkalkulationsprogramm erstellen.

1. In der geöffneten Tabelle sind die **Spalten** von links nach rechts mit Buchstaben und die **Zeilen** von oben nach unten mit Zahlen beschriftet.

2. Finde das Feld A1. Trage die Überschrift „Haushaltsplan" ein.

3. Finde das Feld B2. Trage „Januar" ein und führe die Zeile 2 bis Dezember fort.

4. Übertrage die weiteren Angaben der Tabelle.

5. Das Programm kann für dich auch rechnen. Dazu müssen Formeln in das entsprechende Feld eingetragen werden. Klicke in das Feld B8 und gib folgende Formel ein: = B4 + B5 + B6 . Drücke anschließend auf die Enter-Taste. Was passiert? Erkläre, was die Formel bedeutet.

6. Ändere die Ausbildungsvergütung auf 800 €. Was stellst du fest?

7. Klicke auf das Feld rechts neben „Gesamtausgaben". Klicke danach unter „Start" auf die Taste „Summe" Σ ▾ . Markiere die Felder B 11 bis B 17. In dem Feld B 19 erscheint: = SUMME(B 11 : B 17) Drücke auf die Enter-Taste. Was passiert? Beschreibe.

8. Gib im Feld rechts neben „Was bleibt übrig?" die Formel: = B8 − B19 ein. Drücke auf die Enter-Taste. Was passiert? Beschreibe. Erkläre, was die Formel bedeutet.

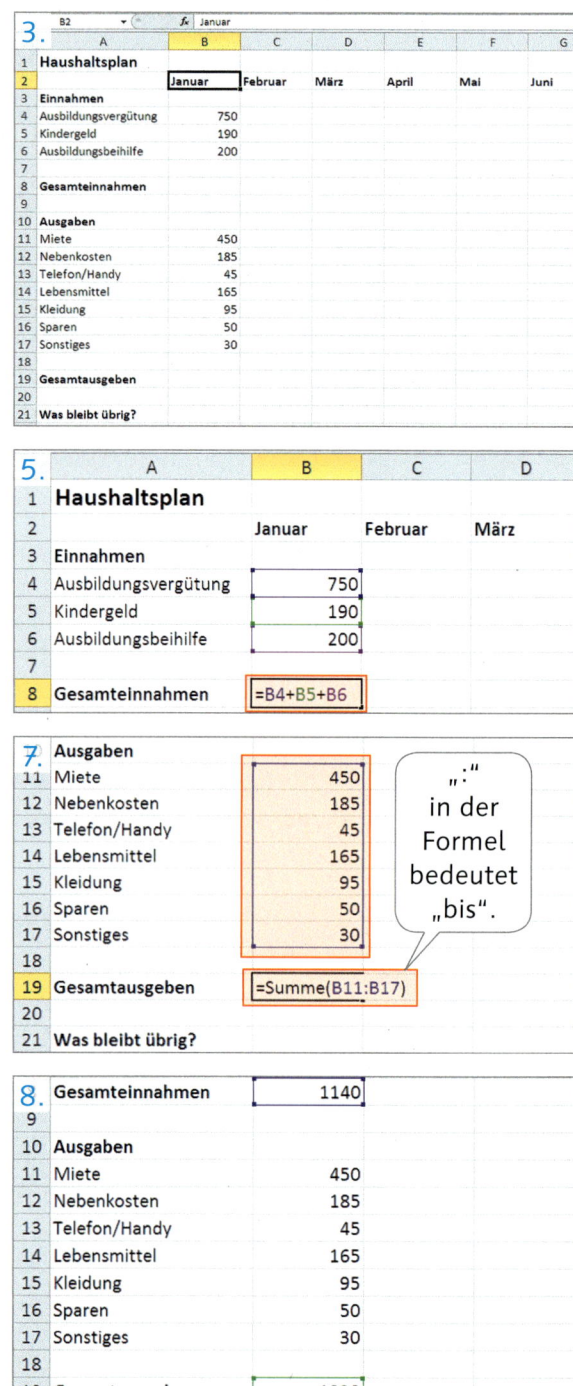

2 So kannst du die Werte im Haushaltsplan mit dem €-Zeichen angeben:

1. Markiere hierzu die Zeilen und Spalten. Klicke mit der rechten Maustaste in die markierten Felder. Klicke nun auf „Zellen formatieren".

2. Wähle die Währung und das Symbol € aus. Drücke OK. Was passiert? Beschreibe.

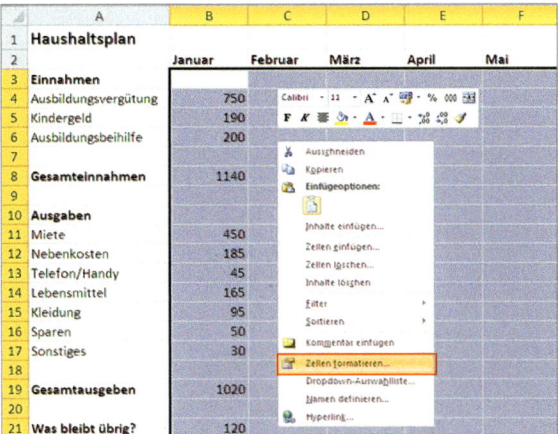 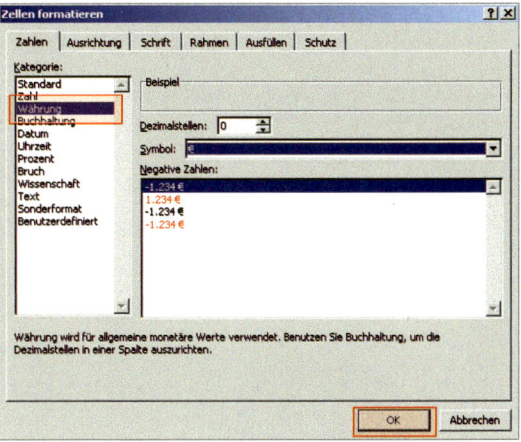

3 a) Finde heraus, wie du bei den Ausgaben eine weitere Zeile einfügen kannst. Ergänze die Ausgaben um 78€ für Versicherungen. Was passiert? Beschreibe.

b) Ändere die Höhe der Kosten für Lebensmittel auf 180€. Notiere deine Beobachtung.

c) Findet heraus, wie ihr die Formeln für den Januar auf den Monat Februar übertragen könnt, ohne sie neu eingeben zu müssen.

4 Eine Familie mit zwei kleinen Kindern hat aufgelistet, welche Einnahmen und Ausgaben sie jeden Monat hat.

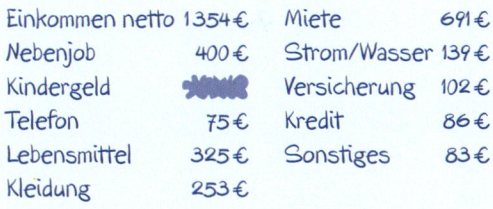

Einkommen netto	1354€	Miete	691€
Nebenjob	400€	Strom/Wasser	139€
Kindergeld		Versicherung	102€
Telefon	75€	Kredit	86€
Lebensmittel	325€	Sonstiges	83€
Kleidung	253€		

a) Fertige einen geeigneten Haushaltsplan mit einem Tabellenkalkulationsprogramm an.

b) Vergleicht eure Ergebnisse in der Gruppe.

5 a) Fertige einen Haushaltsplan für eine berühmte Person an. Überlege dir, welche Einnahmen und Ausgaben diese Person haben könnte.

b) Dein Partner überprüft diesen Haushaltsplan mit dem Taschenrechner.

Mathe mit Methode: Präsentation mit Tabellenkalkulation

Du kennst Präsentationen aus dem Unterricht. Zur Unterstützung kannst du auch einen Computer benutzen. Mit einem Tabellenkalkulationsprogramm lassen sich anschaulich verschiedene Werte darstellen und berechnen.

1 Die Klasse 10b soll die Ergebnisse ihrer Partnerarbeit präsentieren. Noah und Ina präsentieren gemeinsam ihren Haushaltsplan einer Berühmtheit auf einem Poster. Dana und Juri nutzen für ihre Präsentation ein Tabellenkalkulationsprogramm.

a) Wie können Noah und Ina beziehungsweise Dana und Juri während ihres Vortrages reagieren? Beschreibe.

b) Stellt die Vorteile einer Präsentation mit einem Computerprogramm zusammen. Welche Nachteile kann eine solche Präsentationsform haben?
Übertragt die Tabelle in eure Hefte und vervollständigt sie.

Vorteile	Nachteile
Fehler lassen sich rasch korrigieren.	Beamer kann ausfallen.

c) Was ändert sich im Vergleich zu einer Präsentation mit einem Poster, einem Lernplakat oder mit Folien über den Tageslichtprojektor gegenüber der Präsentation mit einem Tabellenkalkulationsprogramm?

2 Bearbeitet die Aufgabe nach der „Think-Pair-Share"-Methode.

a) Notiere dir Regeln für eine gelungene Präsentation mit dem Computer.

b) Tausche dich mit einem Partner über eure Regeln aus.

c) Einigt euch darüber, welche Regeln wichtig sind.

d) Erstellt abschließend gemeinsam in der Klasse ein Lernplakat zu den wichtigsten Präsentationsregeln.

5 Stelle jeweils eine passende Gleichung auf und löse sie.
Wähle deinen Rechenweg. Beschreibe, wie du vorgegangen bist.

A 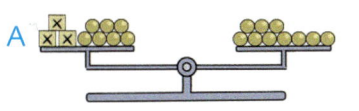   B 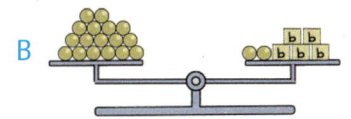   C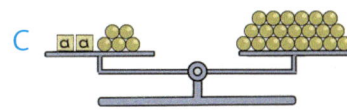

D 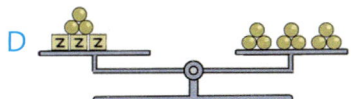   E 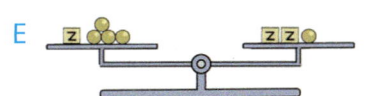   F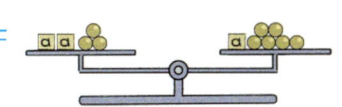

6 Zeichne zu jeder Gleichung eine passende Waage. Löse danach die Gleichungen.

   a) $4x + 3 = 11$ b) $5 + 2a = 12 + 7$ c) $5b + 3 - 3b = 7$

7 Löse die Gleichungen. Kontrolliere mit der Probe.

   a) $3a + 30 = 32 + 4$ b) $2y + 2{,}5 = 8{,}5$ c) $4b - 3{,}6 = 5{,}2$ d) $2{,}5x - 3{,}4 = 1{,}6$

     $26 - 2 = 12 + 4b$ $5{,}2 = 3z - 0{,}8$ $8{,}3 = 3z + 1{,}4$ $0{,}5c + 1{,}2 = 4{,}2$

8 Wende zuerst das Distributivgesetz an.
Löse die Gleichung. Kontrolliere mit der Probe.

> **Tipp:** Bei der Probe wird der Wert für die Variable in die Gleichung eingesetzt.

   a) $7 \cdot (x + 3) = 35$ b) $7 \cdot (y - 3) = 7$

     $(5 + a) \cdot 4 = 36$ ⭐ $(6 - b) \cdot 5 = 10$

     $2y + (6 + y) \cdot 3 = 33$ $7z - (4 - z) \cdot 2 = 2$

9 Löse die Gleichungen. Kontrolliere mit der Probe.
👥 Worauf musst du achten, wenn die Gleichung Brüche enthält? Erkläre es einem Partner.

   a) $\frac{1}{2}x - 4 = 2$ b) $5 = \frac{1}{3}b + 2$ c) $\frac{1}{4}c + 2 = 6$ d) $1 = \frac{1}{5}y - 3$

10 Forme die Gleichung wie im Beispiel um.
⭐ Erkläre einem Partner, wie du gerechnet hast.

👥 a) $13a - 4 = 3a + 16$

   b) $14 - 5y = 4y - 13$

   c) $3 \cdot (2z + 3) = 3z + 18$

> Die Variable muss auf einer Seite stehen.

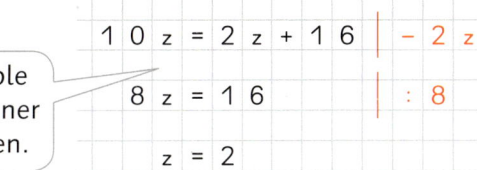

11 Ben hat von seiner Oma 50 € und von seinen Eltern das Doppelte zum Geburtstag geschenkt bekommen. Das ist 10-mal so viel, wie Ben Taschengeld pro Woche erhält. Stelle die Gleichung auf und löse sie. Kontrolliere mit der Probe.

Prüfe dich

12 Ordne der Größe nach: $120\,cm^2$; $0{,}3\,m^2$; $54\,dm^2$; $6\,m^2$; $0{,}07\,dm^2$.

Sachaufgaben

1 Hilfen für Zahlenrätsel:

a) Übertrage die Tabelle ins Heft und ergänze.

b) Denke dir mit deinem Partner weitere Aufgaben aus. Ergänzt eure Tabelle.

Text	Term
das 5-Fache einer Zahl	$5x$
Addiere zu einer Zahl 7.	▢
▢	$x - 3$
▢	$8x$
eine Zahl multipliziert mit 3	▢
Addiere zum 6-fachen einer Zahl 2.	$6x + 2$
das Dreifache einer Zahl vermindert um 4	▢
▢	$4x + 7$
▢	▢

2 a) Ordne jeder Waage die passende Aussage zu.

A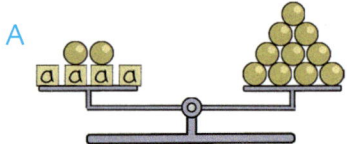

B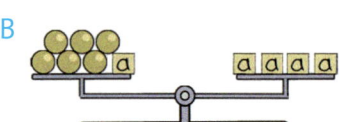

C

1 Das Dreifache einer Zahl ist gleich dem Doppelten der Zahl vermehrt um 4.

2 Zum Vierfachen einer Zahl addiere ich 2. Das Ergebnis ist 10.

3 Ich denke mir eine Zahl und addiere 6. Das Ergebnis ist gleich dem Vierfachen der Zahl.

b) Erstelle zu jeder Waage die passende Gleichung und löse diese.

3 Stelle jeweils eine Gleichung auf und löse sie. Kontrolliere mit der Probe.

a) Das Fünffache einer Zahl vermindert um 10 ist gleich dem Dreifachen einer Zahl vermehrt um 2.

b) Subtrahierst du vom Vierfachen einer Zahl fünf, erhältst du das Zweifache der Zahl addiert mit 13.

c) Beim schulischen Sponsorenlauf schafft Lena drei Runden mehr als Mira. Zusammen sind beide 19 Runden gelaufen.

d) Dana kauft eine Pizza für 8,50 € und zwei Flaschen Limonade. Insgesamt zahlt sie 13,00 €.

e) Drei aufeinanderfolgende natürliche Zahlen werden addiert. Die Summe beträgt 24.

4 Opa Fritz ist dreimal so alt wie Jan. Jans Mutter ist 22 Jahre jünger als der Opa.

    a) Erstelle passende Terme.

    b) Wie alt wäre der Opa, wie alt die Mutter, wenn Jan 20 oder 28 ist?
       Welches Ergebnis ist richtig, wenn die Mutter bald in Rente geht?

5 Der Umfang eines Hasen-
geheges soll 18 m sein. Dabei
soll eine Seite doppelt so
lang, wie die andere sein.
Fertige hierzu eine Skizze an
und löse die Gleichung.

6 Erstelle einen
passenden Term.
Berechne, wie
groß die drei
Winkel sind.

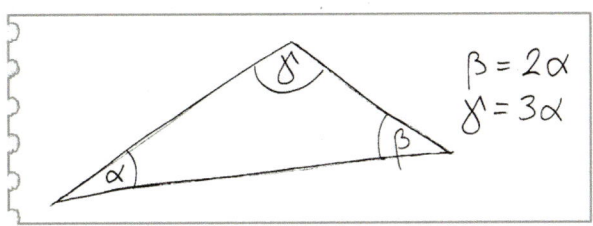

$\beta = 2\alpha$
$\gamma = 3\alpha$

Die Winkelsumme
im Dreieck ist 180°.

7 Erstelle jeweils einen Term für den Umfang der geometrischen Figuren. Berechne die
Länge der Seiten.

    a) u = 17 cm

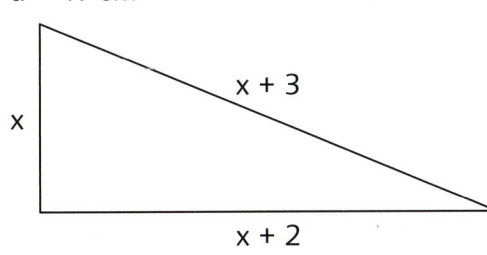

    b) u = 34 cm

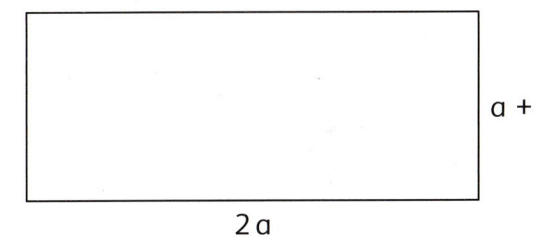

    c) Erfinde ähnliche Aufgaben zu einem Quadrat und einem Parallelogramm.
       Dein Partner berechnet die Länge der Seiten.

8 a) Erstelle einen Term
      für den Umfang der Figur.

    b) Vereinfache den Term.

    c) Berechne mit dem angegebenen
      Werten den Umfang der Figur.

    d) Erstelle einen Term für den Flächeninhalt
      der Figur. Berechne den Flächeninhalt.
      Rechne geschickt.

a = 4 cm
b = 3 cm
c = 6 cm

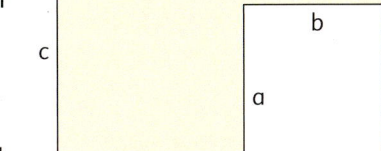

Wiederholung: Funktionen als spezielle Zuordnungen

1 Einige Mitglieder der Klasse 10 b haben an einer Umfrage zu ihren Hobbys teilgenommen. Kenan gab an, dass er in seiner Freizeit Fußball und Basketball spielt. Tim liest gerne und spielt ebenfalls Basketball und Dana spielt nur Fußball.

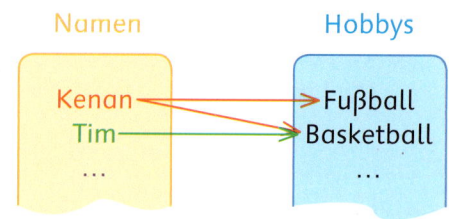

a) Übertrage die Abbildung ins Heft und ergänze sie.

b) Denke dir drei weitere Schüler mit ihren Hobbys aus. Trage in die Abbildung ein.

2 a)

Beschreibe die Pfeilbilder.
Welche Gemeinsamkeiten und Unterschiede fallen dir auf?

b) Schreibe die Merksätze in dein Heft und ergänze. Setze die folgenden Begriffe ein:
genau Funktion Beziehung Zuordnung y-Wert zwei

Bei einer ▮ werden Werte aus ▮ Bereichen in ▮ zueinander gesetzt.
Wenn man bei Zuordnungen jedem x-Wert ▮ einen ▮ zuordnen kann,
spricht man von einer ▮ .

c) Wie müsste die Umfrage in Aufgabe **1** geändert werden, damit aus der Zuordnung eine Funktion wird? Begründet mit einer Zeichnung.

3 a) Überlege dir zwei Sachverhalte wie in Aufgabe **2** und zeichne zu jedem Sachverhalt ein Pfeilbild in dein Heft. Ein Sachverhalt soll eine Funktion beschreiben.

b) Dein Partner erklärt, welcher Sachverhalt eine Funktion beschreibt und welcher nicht.

4 a) In welchen Wertetabellen ist eine Funktion dargestellt, in welchen nicht? Begründe.

Anzahl der DVDs	x	0	1	2	3	4	5
Kosten in €	y	0	5	10	15	20	25

Anzahl der Schüler/-innen	x	3	3	5	6	4	0
Zensur	y	1	2	3	4	5	6

Name	x	Kenan	Ina	Anna	Paul	Mira	Juri	Lisa
Haarfarbe	y	braun	blond	braun	rot	blond	blond	rot

b) Schreibe drei Wertetabellen auf. Mindestens eine soll eine Funktion zeigen.
Dein Partner erklärt, welche Tabelle eine Funktion zeigt und welche nicht.

5 a) Erkläre, welche Sachverhalte in den Graphen dargestellt sind.

b) Erkläre, wie Ole vorgeht, um zu prüfen, ob eine Funktion dargestellt ist oder nicht. Beachte hierzu die Merksätze von Aufgabe **2**.

c) Bei welchen Sachverhalten handelt es sich um eine Funktion, bei welchen nicht? Überprüfe wie Ole.

> Parallel zur y-Achse verschiebe ich ein Lineal von links nach rechts. Schneidet das Lineal an mindestens einer Stelle mehr als einen Punkt, ist es **keine** Funktion.

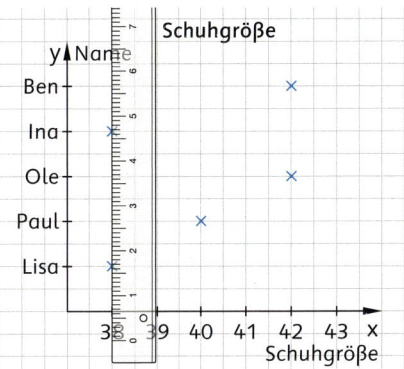

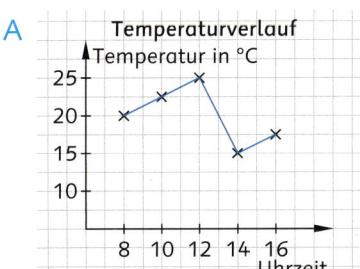

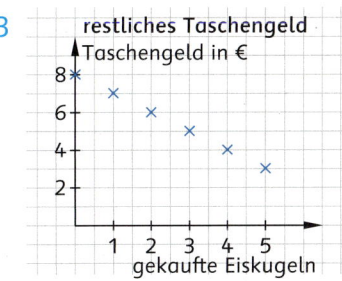

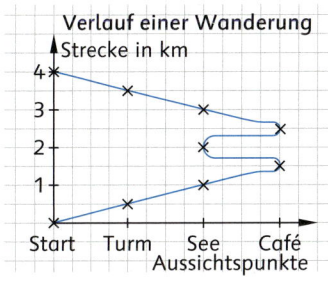

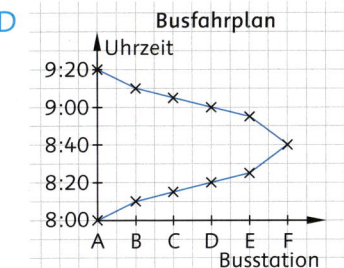

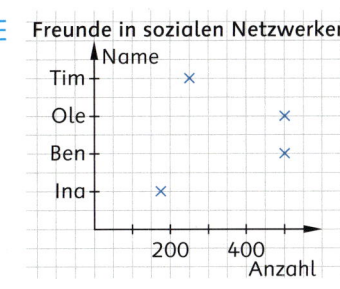

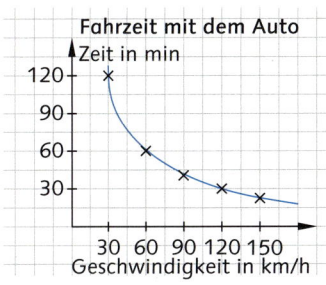

d) Zeichne drei Zuordnungen in je ein Koordinatensystem. Mindestens eine Zuordnung soll eine Funktion zeigen. Dein Partner erklärt, in welchen Graphen eine Funktion dargestellt ist und in welchen nicht.

Lineare Funktionen

1 Beschreibe und vergleiche die Graphen, indem du ihre Gemeinsamkeiten und Unterschiede herausstellst. Welcher Graph ist anders? Begründe.

a)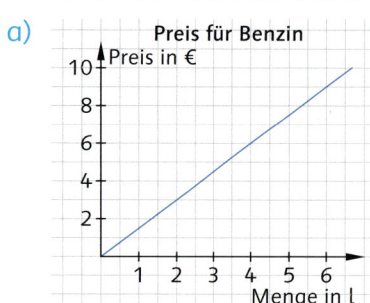

b)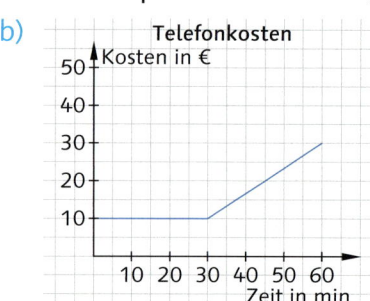

c)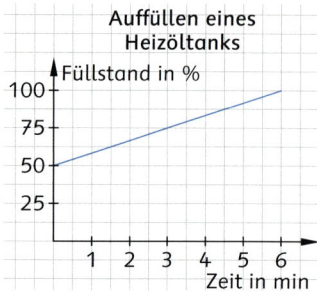

2 a) Übertrage die Wertetabellen in dein Heft und ergänze jeweils die fehlenden Werte. Was fällt dir auf? Beschreibe.

A

		+1	+1	+1			
Menge in kg	x	0	1	2	3	4	5	6
Preis in €	y	0	1,50	3,00	4,50	▦	▦	▦
			+1,5	+1,5	+1,5			

B

Wasser in l	x	0	1	2	3	4	▦	▦
Füllhöhe in cm	y	0	3	6	9	▦	▦	

C

Fahrstrecke in km	x	0	1	2	3	4	▦	▦
Preis in €	y	3	5	7	9	▦	▦	

b) Die Wertetabelle A zeigt eine lineare Funktion. Begründe.

c) Übertrage die Wertetabellen jeweils in ein Koordinatensystem. Was fällt dir auf?

d) Formuliere für alle drei Graphen eine Sachaufgabe. Stelle sie einem Partner vor.

3 Schreibe die Merksätze in dein Heft und ergänze. Setze folgende Begriffe ein:

Geraden Graphen Nullpunkt lineare Funktion lineare Funktion x-Wertes y-Wertes

Liegen alle Punkte eines ▦ auf einer ▦, so nennt man die zugehörige Funktion eine ▦. Die Halbgerade muss nicht im ▦ beginnen. In einer Wertetabelle erkennt man eine ▦ daran, dass eine Veränderung des ▦ um eine Einheit immer eine konstante Zu- oder Abnahme des ▦ zur Folge hat.

4 Welcher Graph passt zu welcher Wertetabelle? Ordne begründet zu.

A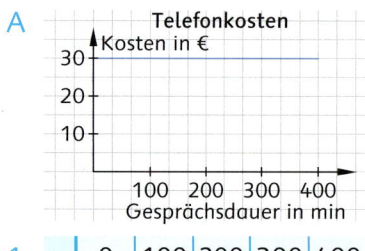

1

x	0	100	200	300	400
y	0	7	14	21	28

B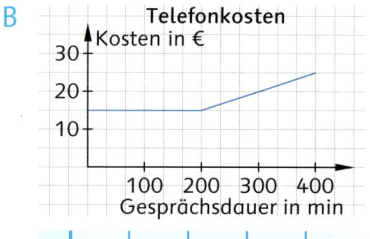

2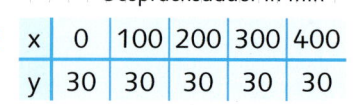

x	0	100	200	300	400
y	30	30	30	30	30

C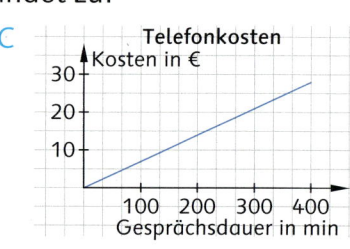

3

x	0	100	200	300	400
y	15	15	15	20	25

5 Bei welchen Darstellungen handelt es sich um eine lineare Funktion? Begründe.

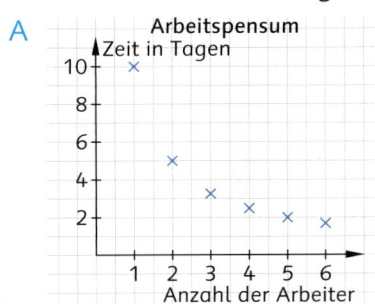

A   Arbeitspensum

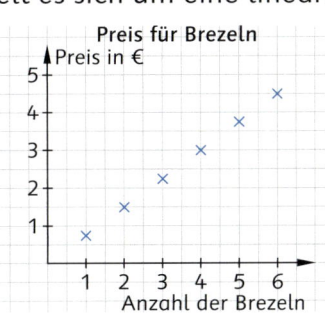

B   Preis für Brezeln

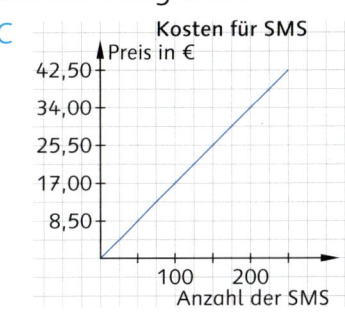

C   Kosten für SMS

D

Anzahl der Busse	x	1	2	3	4	5	6
Anzahl Fahrten	y	24	12	6	3	1,5	0,75

E

Verbrauch in Liter	x	0	15	30	45	60	75
Preis in €	y	0	22,5	45	67,5	90	112,5

F

Uhrzeit (x)	Temperatur in °C (y)
12:00	12
15:00	18
21:00	11

6 Paul lädt den Akku seines Mobiltelefons auf.

a) Übertrage die Wertetabelle in dein Heft und ergänze die fehlenden Werte. Den ersten Wert musst du aus dem Graphen ablesen.

b) An welcher Stelle im Graphen kannst du ablesen, wie voll der Akku zu Beginn war?

Der Akku war noch nicht ganz leer.

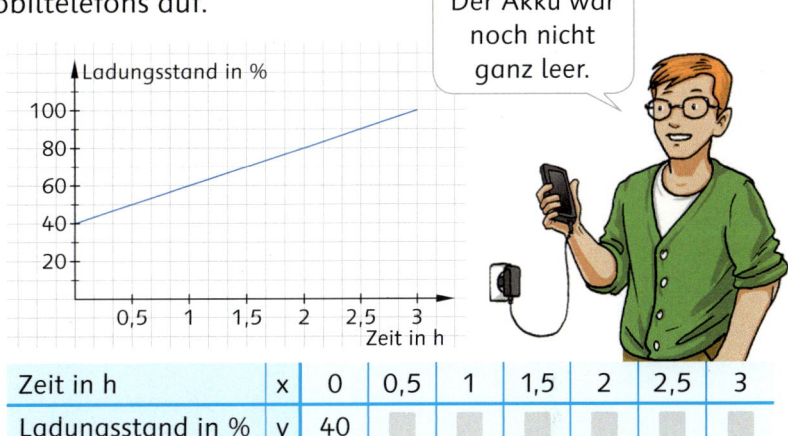

Zeit in h	x	0	0,5	1	1,5	2	2,5	3
Ladungsstand in %	y	40						

7 Der Taxifahrer nimmt eine Grundgebühr von 3,50 €. Jeder Kilometer kostet extra.

Fahrstrecke in km	x	0	1	2	3	4	5	6	7	8	9
Preis in €	y	3,50	5,00								

a) Ergänze die Wertetabelle und zeichne den dazu passenden Graphen.

b) Überprüfe deine Werte aus der Wertetabelle mit den Werten im Graphen.

8 Ergänze die Wertetabelle und zeichne den dazu passenden Graphen. Achte auf eine sinnvolle Einteilung des Graphen.

Anzahl der Monate im Kurs	x	0	1	2	4	5	7	9	12	24	36
Gesamtpreis in €	y	10	25								

Die Funktionsgleichung y = m · x

1 Tim fährt jedes Jahr auf dem Jahrmarkt Autoscooter.
Eine Fahrt kostet 2 €. Er bekommt von seinem Vater 35 €.

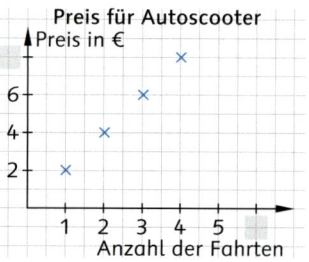

a) Übertrage und ergänze die Wertetabelle
und zeichne den dazu passenden Graphen.

Anzahl der Fahrten	x	1	2	3	
Preis in €	y	2	4		

b) Tims Vater meint: „Der Preis in € ist zweimal so hoch wie die Anzahl der Fahrten.
Das kann ich auch als Gleichung schreiben." Welche Gleichung passt? Begründe:
y = 2x   y = 4x   y = ½x

c) Berechne mit der Gleichung den Preis für 8 (10, 12) Fahrten.

d) Welche Vorteile bietet die Gleichung? Diskutiert.

> Lineare Funktionen lassen sich auch als **Funktionsgleichung** darstellen.
> Beispiele: y = 2x   oder   y = 11x
> Setzt man für x = 7 ein: y = 2 · 7 = 14   und   y = 11 · 7 = 77

2 Ein Staubsauger verbraucht pro Stunde (x-Wert) etwa 3 Kilowatt (y-Wert) Strom.

a) Erstelle eine Wertetabelle von 0 bis 9 Stunden und zeichne den Graphen.

b) Schreibe die passende Funktionsgleichung auf.

c) Berechne mit der Funktionsgleichung den Verbrauch nach 10 (12, 15) Stunden.

3 a) Welcher Graph passt zu welcher Funktionsgleichung? Ordne begründet zu.

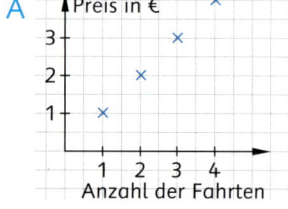 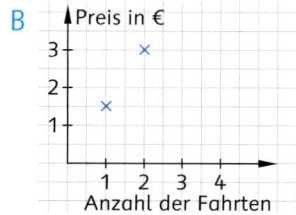 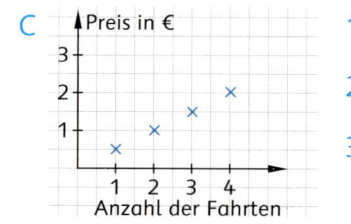

1 y = 1,5x

2 y = 1x

3 y = 0,5x

b) Schreibe den Merksatz in dein Heft und ergänze.
Setze die folgenden Begriffe ein: größer linearen Funktion Faktor

Je größer der ▢ vor dem x, desto ▢ ist die Steigung einer ▢.

> In der **Funktionsgleichung** y = **m** · x   Beispiel: y = 2x
>   gibt **m** die **Steigung** an.
>
> Die Steigung **m** lässt sich mit Hilfe   Steigung: **m** = 2
> eines **Steigungsdreiecks** bestimmen.

Angebot in den Kopiervorlagen nutzen

Die Funktionsgleichung y = m · x + b

1 Ein Lkw wird mit 10 m³ Sand beladen.

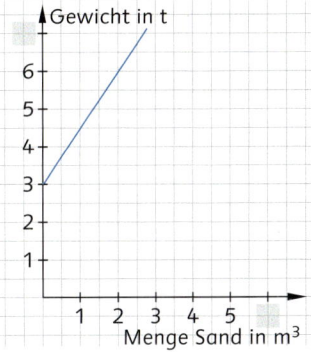
Gewicht des Lkw

a) Übertrage und ergänze die Wertetabelle und zeichne den dazu passenden Graphen.

Menge Sand in m³	x	0	1	2	3	4	
Gesamtgewicht in t	y	3	4,5	6	7,5	9	

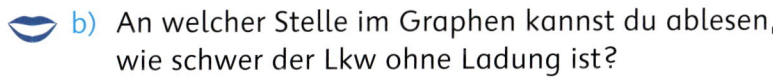
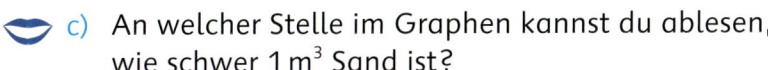

b) An welcher Stelle im Graphen kannst du ablesen, wie schwer der Lkw ohne Ladung ist?

c) An welcher Stelle im Graphen kannst du ablesen, wie schwer 1 m³ Sand ist?

d) Welche Gleichung passt? Begründe. y = 3x + 1,5 y = 1,5x + 3 y = 1,5x + 6

e) Berechne mit der Gleichung das Gesamtgewicht des Lkw, wenn er 7 m³ (8 m³, 10 m³) Sand geladen hat. Überprüfe mit dem Graphen.

2 Welcher Graph passt zu welcher Funktionsgleichung? Ordne begründet zu.

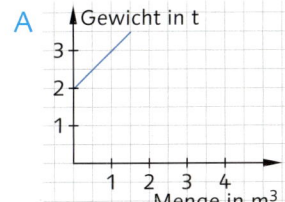
A

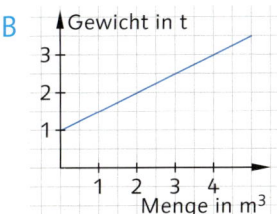
B

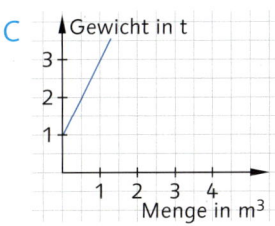
C

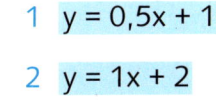

1 y = 0,5x + 1

2 y = 1x + 2

3 y = 2x + 1

Im Graphen der Funktion y = **m**x + **b** gibt **b** den **Schnittpunkt** des **Graphen** mit der **y-Achse** an.

Die **Steigung m** kann mit Hilfe des **Steigungsdreiecks** am Schnittpunkt bestimmt werden.

Beispiel: y = 1,5x + 1
b = 1

Steigung: m = 1,5

3

Strecke in km	x	0	1	2	3	4
Zeit in min	y	0	3	6	9	12

Anzahl der Monate	x	0	1	2	3	4
Beitrag in €	y	5	9	13	17	21

a) Zeichne zu den Wertetabellen jeweils den passenden Graphen.

b) Trage jeweils das Steigungsdreieck ein und bestimme die Funktionsgleichung.

c) Formuliere jeweils eine passende Sachaufgabe.

4 Zeichne jeweils den Graphen und trage das Steigungsdreieck ein. Bestimme die Steigung.

  a) y = 3 x b) y = 1,5 x c) y = 2x + 2 d) y = 1x + 2,5 e) y = 1,5x + 3

Dynamische Geometrie-Software (DGS)

1 Mit einem Geometrieprogramm kannst du Funktionen zeichnen lassen.

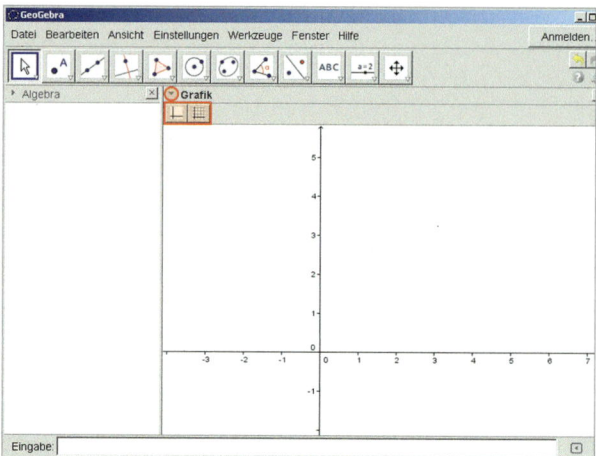

a) Nach dem Programmstart muss ein Koordinatengitter eingeblendet werden. Klicke auf den Pfeil neben dem Wort „Grafik". Es werden zwei Tasten eingeblendet. Damit kannst du das Koordinatengitter und die Achsen ein- und ausblenden. Blende das Koordinatengitter ein. Welche Quadranten werden dargestellt?

b) In die Eingabezeile wird die Funktionsvorschrift* eingegeben. Gib ein: 2x
Wenn du die Enter-Taste drückst, wird der passende Funktionsgraph angezeigt.
Beschreibe den Verlauf des Graphen. Was fällt dir auf?

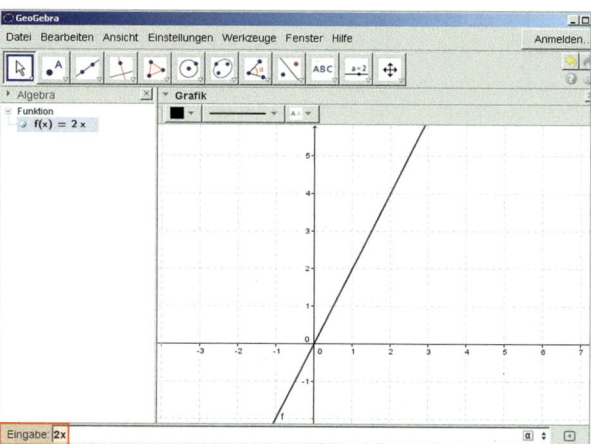

Warum verläuft der Graph auch durch den dritten Quadranten?

Weil die x-Werte und somit auch die y-Werte negative Werte annehmen können. Wir betrachten hier nur den I. Quadranten.

c) Gib eine eigene Funktionsvorschrift für mx ein. Für m kann dabei ein beliebiger Wert gewählt werden. Erstelle nacheinander mehrere Graphen. Sie schneiden sich alle in einem Punkt. Welcher ist das?

d) Die Funktionsgraphen lassen sich wieder löschen, indem du auf den Graphen klickst und anschließend die Entf-Taste drückst. Lösche alle Graphen wieder.

*Eine Funktionsvorschrift ist ein Term, der eine Funktion beschreibt.
Geometrie-Programm: ↻ 100 – 1

2 a) Blende nach dem Programmstart zuerst das Koordinatengitter ein.

b) Gib in die Eingabezeile die folgende Funktionsvorschrift ein: 2x + 1
Wenn du die Enter-Taste drückst, wird der passende Funktionsgraph angezeigt.
Beschreibe den Verlauf des Graphen. Was fällt dir auf?

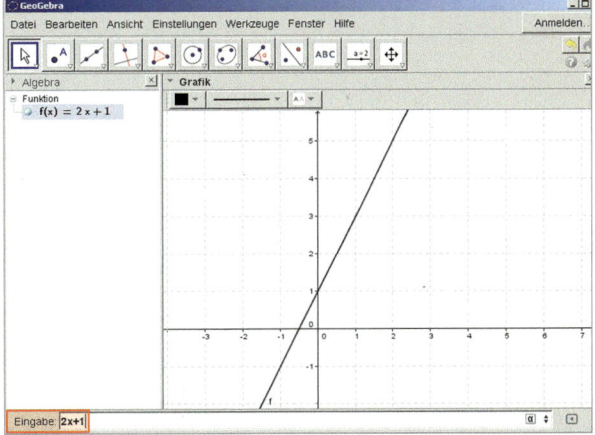

Dieser Graph verläuft sogar durch drei Quadranten.

Da die x- und y-Werte nicht immer die gleichen Vorzeichen haben, werden hier drei Quadranten durchlaufen. Wir betrachten hier nur den I. Quadranten.

c) Bestimme die Steigung des Graphen.

d) Gib nun zwei weitere Funktionsvorschriften ein: 2x + 1 und 3x + 1
Die Graphen schneiden sich alle in einem Punkt. Welcher ist das? Erkläre.

e) Lösche die Funktionsgraphen und gib folgende Funktionsvorschriften neu ein:
2x + 1, 2x + 2 und 2x + 3
Beschreibe den Verlauf der Graphen und benenne jeweils den Schnittpunkt mit der y-Achse. Erkläre.

3 Die Funktionsvorschrift auf der linken Seite lässt sich ein- und ausblenden. Klicke hierzu links vor dem Wort „Funktionen" auf das Minus-Zeichen. Ein Partner gibt eine Funktionsvorschrift für mx ein und blendet sie danach aus. Der andere Partner liest die Funktionsvorschrift aus dem Graphen ab. Durch Einblenden wird anschließend überprüft. Wechselt euch ab.

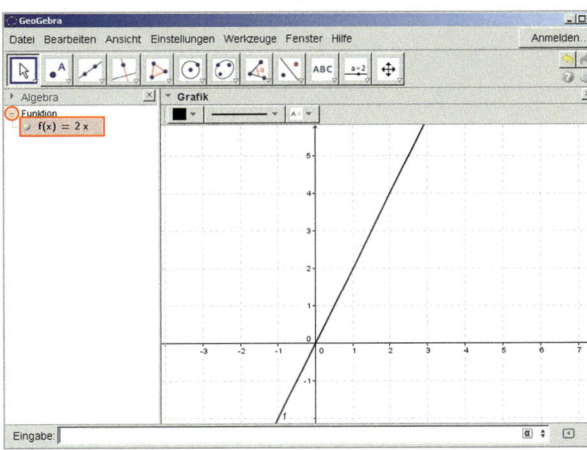

Bist du fit?

Ich habe die Lösung für die Aufgabe. Ich kann aber den Rechenweg nicht aufschreiben.

Dann überlege dir eine andere Möglichkeit, deine Gedanken darzustellen.

1 a) Welche Möglichkeiten kennt ihr, euch den Inhalt von Sachaufgaben zu veranschaulichen?

b) Überlegt gemeinsam: Warum kann es sinnvoll sein, sich zu einer Sachaufgabe eine Skizze oder eine andere Veranschaulichung anzufertigen?

c) Lest euch die Aufgaben **2** bis **8** durch. Welche Aufgaben würden sich mit Hilfe einer Skizze oder einer anderen Veranschaulichung leichter lösen lassen?

> Bei schriftlichen Arbeiten wird nicht nur die richtige Lösung bewertet, sondern auch der Lösungsweg. Deshalb ist es wichtig, dass ich meine Gedanken zu einer Aufgabe schriftlich notiere. Das können zum Beispiel Rechnungen, Skizzen, Tabellen oder Texte sein. Bei Sachaufgaben arbeite ich nach dem Lösungsplan.

2 Berechne den Flächeninhalt.

a)

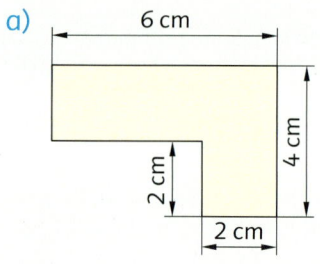

b)

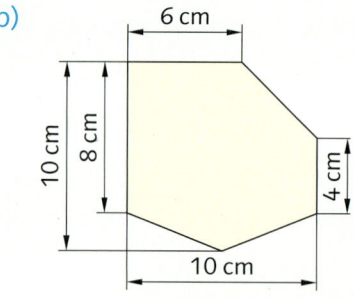

c)

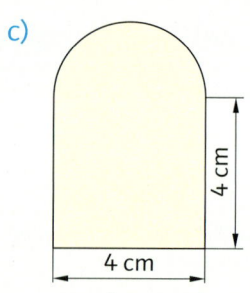

3 Fünf verschiedenfarbige Autos parken hintereinander. Wie viele verschiedene Möglichkeiten gibt es, die Autos hintereinander anzuordnen, wenn das rote Auto immer an der zweiten Stelle steht?

4 Ein Holzpflock wird mit $\frac{3}{7}$ seiner Länge in die Erde gerammt. Von dem sichtbaren Teilstück sind 25 cm farbig markiert und 55 cm bleiben ohne Lackierung. Wie lang ist der Holzpflock insgesamt?

5 a) Die internationale Raumstation ISS umkreist die Erde 112-mal pro Woche.
Wie oft umkreist sie die Erde im Dezember?

b) Mira spart für ein neues Laptop. Wenn sie monatlich 60 € spart, braucht sie
8 Monate. Wie viel muss sie monatlich zurücklegen, wenn sie sich bereits nach
einem halben Jahr ein Laptop zum selben Preis kaufen möchte?

c) Das Taxiunternehmen „Fix" verlangt pro Fahrt einen Grundpreis von 3,20 €.
Pro gefahrenen Kilometer müssen zusätzlich 1,55 € bezahlt werden.
Frau Fuchs bezahlt für ihre Taxifahrt 26,45 €.
Wie viele Kilometer wurde sie gefahren?

6 Familie Müller hat die Rechnung für die neu gebaute Terrasse bekommen.
Berechne die fehlenden Werte.

Nr.	Artikel	Menge	Einzelpreis	Gesamtpreis
1	Baustelle einrichten	pauschal	40,00 €	40,00 €
2	Betonplatten liefern und verlegen	21,25 m²	29,80 €	633,25 €
3	Terrassendielen liefern und verlegen	21,25 m²	95,20 €	2 023,00 €
Netto-Rechnungsbetrag				
+ 19 % MwSt.				
Brutto-Rechnungsbetrag				

7 Das Wohnzimmer von Familie Petrov ist 5,50 m lang und 4,20 m breit. Die Tür ist
1 m breit, die beiden bodentiefen Fenster sind je 1,40 m breit. Gestern hat Herr Petrov
neues Laminat verlegt. Nun fehlen noch die Abschlussleisten.
Wie viele m Leisten benötigt er, wenn man den Verschnitt unberücksichtigt lässt?

8 Frau Kowalski fährt in ihrem Auto mit
einer Geschwindigkeit von 35 $\frac{km}{h}$ durch ein
Wohngebiet. Plötzlich läuft ein kleines
Kind zwischen den parkenden Autos auf
die Straße. Frau Kowalski kann gerade
noch rechtzeitig bremsen. Wie viele m
vor dem Auto ist das Kind auf die Straße
gelaufen? Runde auf ganze Meter.

Geschwindigkeit : v

Reaktionsweg: $s_R = \frac{v}{10} \cdot 3$

Bremsweg: $s_B = \frac{v^2}{100}$

Anhalteweg = Reaktionsweg + Bremsweg

9 a) Bei welchen Aufgaben fiel es dir leicht, deinen Lösungsweg zu notieren?
Besprich dich mit einem Partner.

b) Vergleicht in der Klasse: Bei welchen Aufgaben habt ihr unterschiedliche
Lösungswege gefunden? Wie habt ihr die verschiedenen Lösungswege dargestellt?
Sind die Lösungswege für die anderen Schüler nachvollziehbar?

Wiederholung: Darstellung von Daten

1 Jedes Jahr werden die Jugendlichen des Abschlussjahrgangs der Kant-Schule befragt, welcher Tätigkeit sie im nächsten Schuljahr nachgehen wollen.

a) Ermittle für jede Tätigkeit die absolute Häufigkeit. Schreibe ins Heft.

b) Stelle die Daten der Größe nach geordnet in einem Balkendiagramm dar.

Tätigkeit	Strichliste	absolute Häufigkeit
BBS Bau	卌 卌	10
BBS Pflege	卌	
Hauptschule Klasse 10	|||	
FSJ*	||	
Ausbildung	|||\	
Wiederholung Klasse 9			
gesamt:		25

c) Vor drei Jahren haben 13, vor zwei Jahren 11 und im letzten Jahr haben 10 Schülerinnen und Schüler eine überbetriebliche Ausbildung in einer Berufsbildungsstätte (BBS) begonnen. Stelle diese Angaben zusammen mit den Zahlen des aktuellen Jahrgangs in einem Säulendiagramm dar.

Balken- und Säulendiagramme werden verwendet, um absolute Häufigkeiten zu veranschaulichen.

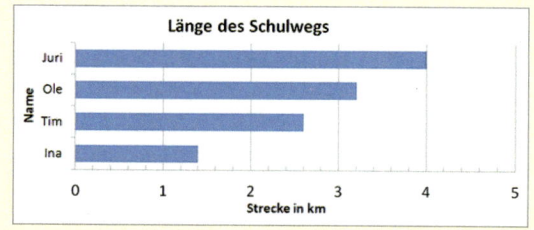

Balkendiagramme werden dabei häufig der Größe nach geordnet gezeichnet.

Säulendiagramme werden häufig genutzt, um zeitliche Abläufe darzustellen.

2 Werte die Daten aus Aufgabe **1** weiter aus.

a) Berechne aus den absoluten Häufigkeiten jeweils die relativen Häufigkeiten in Prozent.

BBS Bau:
relative Häufigkeit: $\frac{10}{25} = 0{,}4 = 40\%$

b) Stelle die Daten der Größe nach geordnet in einem geeigneten Diagramm dar.

c) Begründe die Wahl deines Diagrammtyps.

Streifen- und Kreisdiagramme werden verwendet, um relative Häufigkeiten zu veranschaulichen. In der Regel werden die Werte in Prozent angegeben.

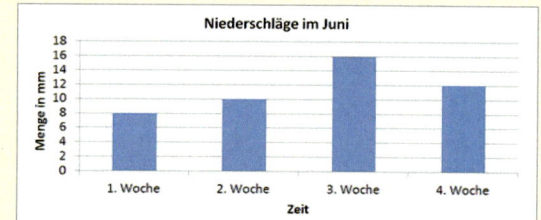

Streifen- und Kreisdiagramme eignen sich zur Darstellung von Größenverhältnissen und Anteilen.

Kopiervorlage zur Selbsteinschätzung beachten;
*FSJ – Freiwilliges Soziales Jahr

Wahlen

1 Eine Woche vor einer Bundestagswahl gaben 1000 wahlberechtigte Personen aus ganz Deutschland an, welche Partei sie wählen werden.

Partei	absolute Häufigkeit
CDU/CSU	415
SPD	257
Bündnis 90/ Die Grünen	84
FDP	49
Die Linke	86
AfD	47
sonstige	62
gesamt:	1000

a) Berechne jeweils die relative Häufigkeit in Prozent.

b) Stelle die relativen Häufigkeiten in einem passenden Diagramm dar.

c) Parteien mit weniger als 5 % der Stimmen ziehen nicht in den Bundestag ein.
Bei welchen Parteien könnte es knapp werden?

d) Warum würde das Umfrageergebnis vermutlich verfälscht werden, wenn alle befragten Personen aus lediglich einer Stadt kämen? Begründe.

2 Wahlprognosen vor großen Wahlen sind umstritten, da viele Forscher glauben, dass sie die Wähler in ihrer Entscheidung beeinflussen.

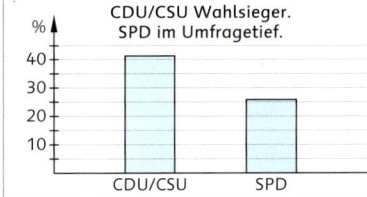
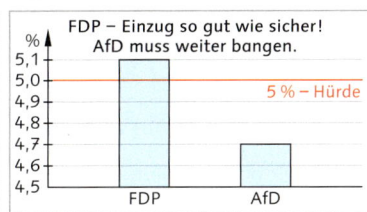
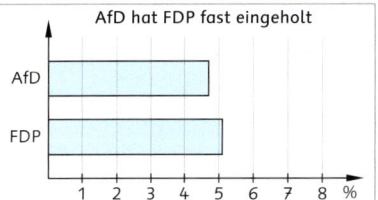

a) Beschreibe einem Partner die Diagramme.

b) Erkläre, was Wähler dazu bewegen könnte, jeweils eine der beiden Parteien auf Grundlage dieser Wahlprognose zu wählen.

c) Weshalb werden hier nicht Streifen- oder Kreisdiagramme verwendet?

3 Der 18. Deutsche Bundestag setzt sich, wie im Diagramm gezeigt ist, zusammen.

a) Die Sitzverteilung wird als Streifendiagramm abgebildet. Beschreibe. Warum ist die Darstellung als Streifendiagramm sinnvoll? Erkläre.

b) Wie viele Sitze gibt es in diesem Bundestag?

c) Wie viele Sitze hat die Große Koalition aus CDU und SPD? Berechne den Anteil auch in Prozent.

d) Vor der Regierungsbildung gab es von der Partei Die Linke den Vorschlag, eine Koalition aus SPD, Die Linke und Bündnis 90/Die Grünen zu bilden. Wie viele Sitze hätten diese Parteien zusammen gehabt? Berechne den Anteil auch in Prozent.

Diagramme mit dem Computer erstellen

1 Mit einem Tabellenkalkulationsprogramm lassen sich leicht Diagramme zeichnen. Um ein Balkendiagramm zu erstellen, führst du die folgenden Schritte aus.

a) Übertrage deine Werte in eine Tabelle.

b) Erstelle nun ein Balkendiagramm:
1. Markiere zuerst die Zellen, die im Diagramm dargestellt werden sollen.
2. Klicke danach unter „Einfügen" auf den Diagrammtyp „Balken" und wähle das gewünschte Diagramm aus.
3. Klicke das erstellte Diagramm an. Wähle unter „Layout" die Tasten „Diagrammtitel" und „Achsentitel" und beschrifte dein Diagramm.

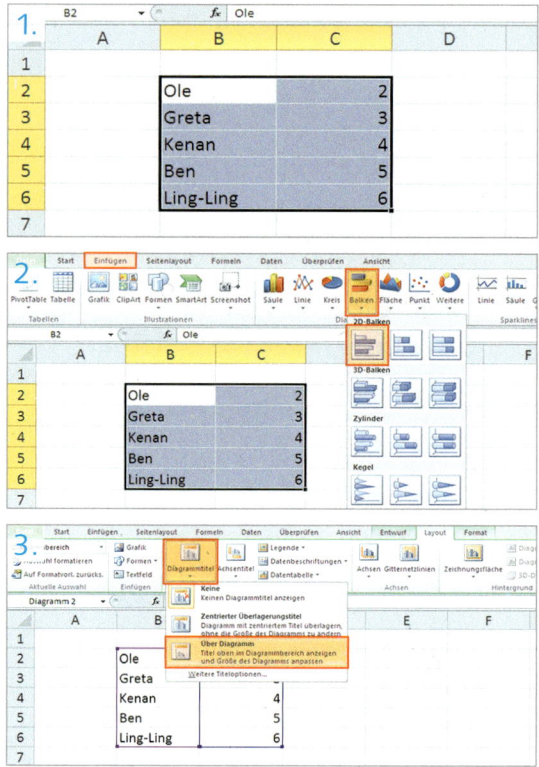

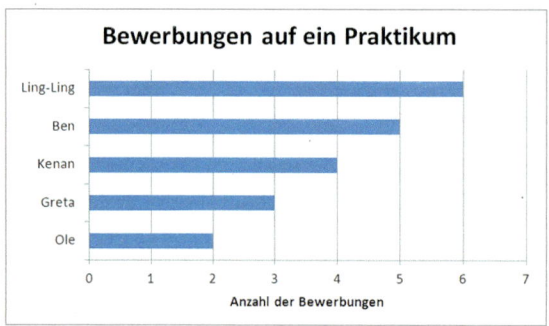

2 a) Erstelle, wie in Aufgabe **1** beschrieben, ein Säulendiagramm zu folgender Tabelle. Beschrifte das Diagramm wie folgt:
– Titel: Bewerbung auf ein Praktikum
– Achsenbeschriftung: durchschnittliche Anzahl der Bewerbungen pro Schüler

	B	C	D	E
1				
2	Jahr 2009	Jahr 2010	Jahr 2011	Jahr 2012
3	4,5	5,2	6	7,2
4				

b) Was passiert mit dem Diagramm, wenn du in deiner Tabelle einige Zahlen änderst oder wenn du das Wort „Jahr" weglässt? Notiere deine Beobachtung.

c) Klicke auf das Diagramm und erforsche, was mit dem Diagramm passiert, wenn du unter „Entwurf" aus verschiedenen Diagrammlayouts und Diagrammformatvorlagen auswählst? Notiere deine Beobachtungen.

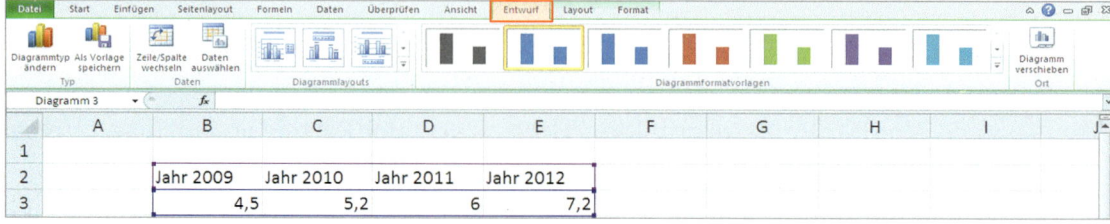

3 a) Erstelle, wie in Aufgabe **1** beschrieben, ein Kreisdiagramm zu folgender Tabelle. Beschrifte das Diagramm wie folgt:
– Titel: Bewertung Praktikum

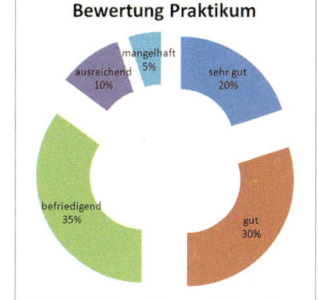

b) Was passiert mit dem Diagramm, wenn du in deiner Tabelle die Prozentzeichen löschst? Notiere deine Beobachtung.

c) Wähle unter „Entwurf" ein Diagrammlayout aus, bei dem sowohl die Prozentzahl als auch die Wertung im Kreisdiagramm stehen.

d) Doppelklicke auf die Beschriftung der Kreissegmente im Diagramm. Ändere bei „sehr gut" die 20 % auf 35 %. Notiere, was mit den anderen Kreissegmenten passiert. Vermute, wie sich Diagramme manipulieren lassen.

e) Unter „Einfügen" lässt sich das abgebildete Diagramm erzeugen. Führe die Änderung durch und erkläre dein Vorgehen.

4 Um ein Streifendiagramm zu erstellen, führst du die folgenden Schritte aus. Verwende hierzu die Tabellenwerte aus Aufgabe **3**.

a) Übertrage die Werte in eine Tabelle.

b) Erstelle nun ein Streifendiagramm:

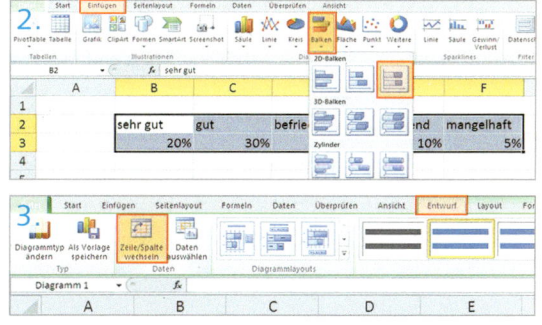

1. Markiere zuerst die Zellen, die im Diagramm dargestellt werden sollen.
2. Klicke danach unter „Einfügen" auf den Diagrammtyp „Balken" und wähle „Gestapelte Balken (100 %)" aus. Notiere deine Beobachtung.

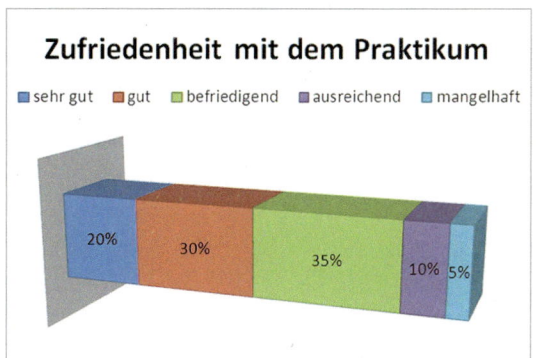

3. Klicke unter „Entwurf" auf „Zeile/Spalte wechseln". Was passiert? Beschreibe.
4. Wähle unter „Layout" einen passenden Diagrammtitel aus.

c) Lässt sich das Diagramm auch erstellen, wenn man die Prozentzeichen bei der Eingabe weglässt? Probiere es aus und notiere deine Beobachtung.

d) Wähle unter „Entwurf" ein Layout, bei dem die Prozentzahl im Streifendiagramm steht.

e) Doppelklicke auf die Datenbeschriftung. Lässt sich diese verändern, ohne dass das Diagramm sich verändert? Notiere deine Beobachtung.

f) Erzeuge das abgebildete Streifendiagramm. Notiere dein Vorgehen.

Arbeitsmarktdaten

1 In einer Umfrage in den Abschlussklassen wurden die Jugendlichen aufgefordert einzuschätzen, wie hoch ihre zukünftige Ausbildungsvergütung sein wird.

a) Übertrage die Tabelle ins Heft. Ermittle aus der absoluten Häufigkeit jeweils die relative Häufigkeit in Prozent.

b) Fertige ein Streifendiagramm an.

Ausbildungs-vergütung brutto	absolute Häufigkeit	relative Häufigkeit
unter 250 €	5	
250 bis 500 €	12	
500 bis 750 €	13	
750 bis 1 000 €	10	
1 000 bis 1 250 €	6	
über 1 250 €	4	
gesamt:	50	

2 Im Balkendiagramm ist die Höhe der Ausbildungsvergütung in verschiedenen Ausbildungs-bereichen dargestellt.

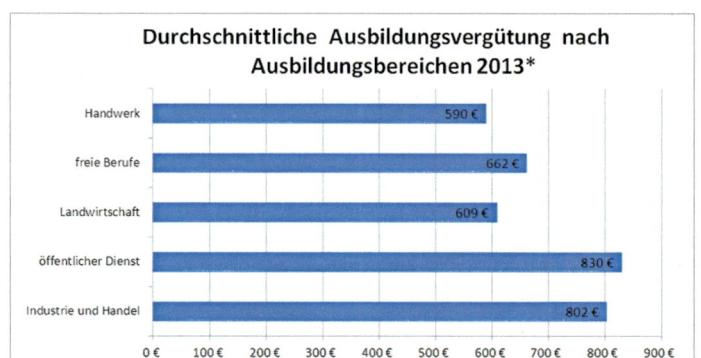

Durchschnittliche Ausbildungsvergütung nach Ausbildungsbereichen 2013*

a) Beschreibe das Diagramm.

b) Lies das Maximum und das Minimum für die Ausbildungs-vergütungen ab. Bestimme die Spannweite.

c) Bestimme den Durchschnitt und den Zentralwert.

d) Übertrage den Zahlenstrich ins Heft. Trage das Minimum, das Maximum, den Durchschnitt und den Zentralwert ein. Was fällt dir auf?

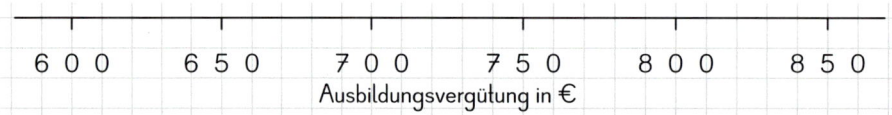

e) Diskutiert darüber, welcher Wert aussagekräftiger ist, der Durchschnitt oder der Zentralwert?

3 Kenans Bruder verdient im ersten Lehrjahr als Maurer 652 €. Dürfte seine Ausbildungsvergütung nicht lediglich 590 € betragen? Erkläre.

4 Warum ist das Diagramm in Aufgabe **2** als Balkendiagramm dargestellt? Erkläre es einem Partner.

5 Vergleiche die Tabelle und das Diagramm miteinander. Wie viel Prozent der Jugendlichen haben unrealistische Vorstellungen über die Höhe ihrer Ausbildungsvergütung?

*Durchschnittswerte für Deutschland (berechnet aus den Werten für West- und Ostdeutschland), Quelle: Bundesinstitut für Berufsbildung

6 a) Beschreibe das Schaubild.

b) Lies das Maximum und das Minimum für die Jugendarbeitslosigkeit ab. Bestimme die Spannweite.

c) Bestimme den Durchschnitt und den Zentralwert.

d) Zeichne einen Zahlenstrich von 0 bis 60 % ins Heft. Trage das Minimum, das Maximum, den Durchschnitt und den Zentralwert ein. Was fällt dir auf?

e) Welchen Wert hältst du für aussagekräftiger, den Durchschnitt oder den Zentralwert? Diskutiere mit einem Partner darüber.

Jugendarbeitslosigkeit
in den Euro-Ländern, Quote bei den unter 25-Jährigen
Dezember 2013, Angaben in Prozent

Finnland 19,4
Estland 22,7
Irland 24,6
Nieder-lande 11,3
Belgien 23,1
Deutschland 7,4
Luxemburg 20,3
Frankreich 25,6
Österreich 8,9
Slowakei 32,6
Slowenien 23,3
Portugal 36,3
Spanien 54,3
Italien 41,6
Griechenland 59,2
Malta 15,0
Zypern 40,8
Quelle: Eurostat

7 Die örtliche Tageszeitung befragt regelmäßig die Jugendlichen ihrer Stadt.

a) Immer mehr Jugendliche halten ihren Ausbildungsberuf für den einzigen Beruf in ihrem Leben.

Was meinst du zu Oles Behauptung?

Denkst du, dass du in deinem Ausbildungs-beruf ein Leben lang arbeiten wirst?			
Jahr	1990	2000	2010
Antwort: „Stimme zu."	120	210	230
Anzahl der Befragten	200	400	450

b) Bestimme jeweils die relative Häufigkeit der Zustimmungen. Kontrolliere, ob Ole recht hat.

c) Stelle die Ergebnisse in einem geeigneten Diagrammtyp dar. Wähle eine passende Überschrift.

8 Eine Umfrage in acht Klassen ergab: „Im Durchschnitt erhalten 25 % der Auszubildenden Unterhalt von ihren Eltern." Überprüfe diese Angaben.

Anzahl Auszubildende pro Klasse	29	23	28	20	22	25	26	27
davon bekommen Unterhalt	9	3	8	5	3	6	11	5

Vorsicht, Manipulationen

1 Die Jugendlichen des Abschlussjahrgangs einer Schule wurden befragt, was ihnen bei der Wahl ihres Ausbildungsplatzes besonders wichtig war. Das gute Auskommen mit dem Ausbilder war für 40 % besonders wichtig. Für 36 % war es besonders wichtig, dass es im Betrieb weitere Auszubildende gibt.

a) Übertrage die Grafik ins Heft. Beschrifte die Achsen vollständig. Achte auf die Einteilung der y-Achse. Erstelle jeweils ein zu den Überschriften passendes Säulendiagramm.

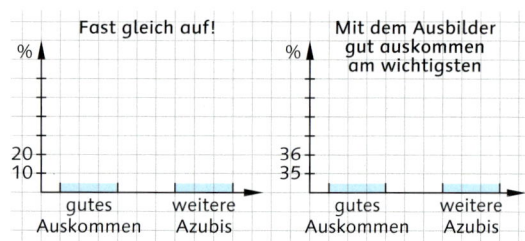

b) Was fällt dir auf?

c) Wie kannst du geringe Unterschiede überdeutlich darstellen? Wie kannst du deutliche Unterschiede abgeschwächt darstellen? Erkläre.

2 Alljährlich befragt das Restaurant „Gaumenfreude" seine Gäste, wie zufrieden sie mit dem Angebot an Speisen sind. Ein Auszubildender des Restaurants erstellt hierzu folgendes Diagramm.

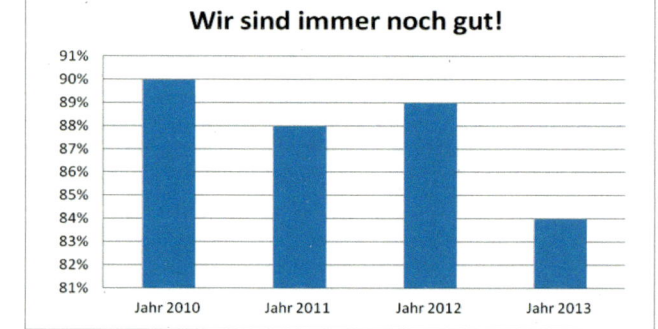

a) Warum ist der Chef mit der Abbildung unzufrieden?

b) Erstelle das Säulendiagramm so, dass deutlich wird, wie zufrieden die Gäste sind. Finde eine passende Überschrift.

3 In einer Firma sind 54 Auszubildende beschäftigt. Einer von ihnen hat eine Befragung durchgeführt.

Die von mir befragten Auszubildenden sind …

Bist du mit deiner Ausbildung im Betrieb zufrieden?		
Antwort	nicht zufrieden	zufrieden	sehr zufrieden
Anteil	60 %	20 %	20 %

a) Warum bezweifelt der Chef diese Prozentangaben?

b) Es wurden tatsächlich nur fünf Auszubildende befragt. Beurteile die Aussagekraft der Umfrage.

Prüfe dich

4 In einem Quadrat ist die Diagonale 18 cm lang. Berechne die Seitenlängen.

5 Ein Autohändler möchte im Internet mit der hohen Zufriedenheit seiner Kunden werben.

a) Stelle die Daten in einem werbe-
wirksamen Diagramm dar.
Finde eine passende Überschrift.

Jahr	2009	2010	2011	2012
Kunden-zufriedenheit in %	80	82	83	84

b) Warum ist es wichtig zu wissen, wie viele Kunden der Autohändler befragt hat?
Diskutiert.

6 Herr Ertelt macht eine Umfrage unter 25 Kunden
und fragt, wie zufrieden sie mit seiner geleisteten
Arbeit sind. Er erstellt für seinen Chef folgendes
Kreisdiagramm:

Warum ist der Chef mit diesem Umfrageergebnis
überhaupt nicht zufrieden?

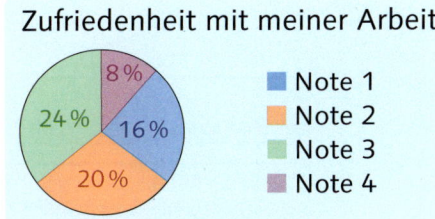

Zufriedenheit mit meiner Arbeit

■ Note 1
■ Note 2
■ Note 3
■ Note 4

Bei Angaben von Anteilen in Prozent sind folgende Kontrollfragen wichtig:

1. Ist angegeben, wie viele Personen befragt oder wie viele Gegenstände getestet
wurden?

2. Ist die Anzahl der befragten Personen oder der getesteten Gegenstände hoch
genug?

3. Ergeben alle Anteile in Prozent immer die Summe 100?

4. Stimmt die Aussage mit dem Diagramm überein?

7 Warum regen sich die Kunden
über dieses „Sparpack" auf?
Begründe mit einer Rechnung.

ERDNÜSSE

160 g
1,89 €

Sparpack!!!

200 g
2,39 €

8 Das Gewicht eines Schokoriegels wurde von 56 g auf 50 g gesenkt. Der Verkaufspreis
ist gleich geblieben. Berechne die versteckte Preiserhöhung in Prozent.

Preiserhöhungen werden häufig versteckt. Die Waren werden in der
gleichen Packung, zum selben Preis, aber mit weniger Inhalt angeboten.
Verbraucherzentralen bezeichnen dies als „Mogelpackung".
Das Umrechnen in Prozentangaben kann helfen, versteckte Preiserhöhungen
zu entdecken.

9 Recherchiere, welche Hersteller von Knabbereien in den letzten zwei Jahren
Mogelpackungen auf den Markt gebracht haben.

Mathe mit Methode: Diagramme für Präsentationen nutzen

Um deine Präsentation oder deinen Vortrag anschaulicher zu gestalten, kannst du Daten, die du zeigen möchtest, übersichtlich in Diagrammen darstellen. Diese Diagramme kannst du ganz einfach mit einem Tabellenkalkulationsprogramm erzeugen.

1 Welcher Diagrammtyp passt jeweils zu welcher Tabelle? Begründe deine Meinung.

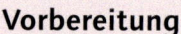

	B	C	D	E	F
Jahr		Jahr 2011	Jahr 2012	Jahr 2013	Jahr 2014
Anzahl Hauptschulabschlüsse		35	34	33	36
Ziel für die Abschlussfahrt:	Köln		Berlin	Wien	Hamburg
Stimmen dafür:		15	18	25	13
Ausbildungsplatz oder BBS?	ja		in Aussicht	keinen	BBS
Prozent (von 60 Schülern)		20	30	10	40

> **Tipp:** Verschiedene Diagrammtypen werden im Buch auf Seite 104 vorgestellt.

2 Die Schülerinnen und Schüler wurden gefragt, welches Gefühl sie haben, wenn sie sich die Zeit nach der Schule vorstellen. Folgendes Diagramm wird hierzu in der Klasse präsentiert:

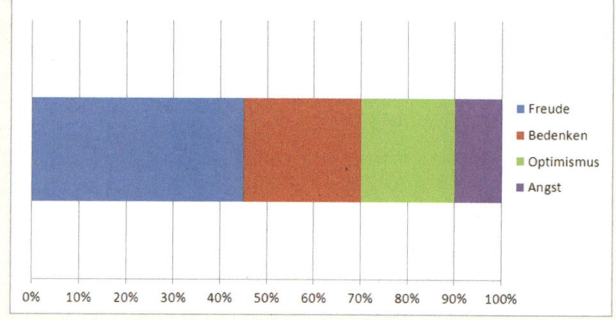

a) Warum wurde dieser Diagrammtyp gewählt? Begründe.

b) Formuliere eine passende Überschrift zum Diagramm.

c) Gestalte die Daten zur Umfrage als Kreisdiagramm. Vergleiche beide Diagramme miteinander.

Vorbereitung
- Legt fest, welcher Diagrammtyp am besten geeignet ist.
- Erstellt das Diagramm.
- Formuliert eine passende Überschrift.
- Gestaltet das Diagramm übersichtlich.
- Lest besondere Kennwerte ab (z. B. Minimum und Maximum).
- Erstellt zum Diagramm einen Stichpunktzettel.

Vorbereitung
1. Thema
2. Was wird gezeigt?
3. Begründung des Diagrammtyps
4. wichtige Kennwerte
5. Erkenntnis

Tabellenkalkulation: ↻ 112–2

3 a) Plant zu einer der Fragen einen Vortrag. Arbeitet mit einem Partner.

A In welchem der folgenden Berufsfelder hast du dein Praktikum absolviert?

	B	C	D	E	F
Praktikum im Berufsfeld	Handel	Handwerk	freier Beruf	öffentl. Dienst	
Anteil in % von 200	43%	22%	30%	5%	

B In welchem der folgenden Berufsfelder ist dein Wunschberuf vertreten?

Wunschsberufsfeld	Handel	Handwerk	freier Beruf	öffentl. Dienst
absolute Häufigkeit	26	15	5	3

C In welchem der folgenden Berufsfelder hat dein Vater gelernt?

Lehrberufsfeld Vater	Handel	Handwerk	freier Beruf	öffentl. Dienst	keins davon
relative Häufigkeit	43%	26%	15%	14%	2%

D In welchem der folgenden Berufsfelder hat deine Mutter gelernt?

Lehrberufsfeld Mutter	Handel	Handwerk	freier Beruf	öffentl. Dienst	keins davon
relative Häufigkeit	46%	13%	17%	19%	5%

b) Haltet euren Vortrag.

c) Lasst euch eine Rückmeldung geben.

Regeln für eine Präsentation

- Stichpunktzettel erstellen
- Thema und Ablauf kurz vorstellen
- laut und deutlich sprechen
- Publikum anschauen
- Vortrag vorher üben
- Bedienung des Computers vorher üben

Rückmeldung zur Präsentration

1. Inhalt:
   - Stichpunktzettel wurde genutzt
   - Erkenntnisse waren nachvollziehbar
2. Diagramm:
   - Diagrammtyp war passend
   - Diagramm war übersichtlich gestaltet
3. Vortragsstil:
   - hat frei und laut gesprochen
   - Publikum wurde angeschaut

---

4 Bereitet zu zwei Themen rund um die Berufswahl eine Präsentation vor. Recherchiert die benötigten Daten im Internet oder ermittelt die Daten durch eine Umfrage. Erstellt für euren Vortrag einen Stichpunktzettel.

- Wunschberufe
- beliebte Lehrberufe
- Lehrberufe mit guten Chancen auf dem Arbeitsmarkt
- …

5 Erstellt zusätzlich zu euren Daten ein zweites manipuliertes Diagramm. Stellt es der Klasse vor. Lasst den Fehler von den anderen finden. Erklärt anschließend, wie ihr die Daten manipuliert habt.

Umwelt

1 In der Tabelle ist der durchschnittliche CO_2-Ausstoß verschiedener Verkehrsmittel bezogen auf die angegebenen Strecken dargestellt.

Verkehrsmittel	Fahrrad	Auto	Bahn	Flugzeug
Strecke in km	800	4 000	2 000	3 000
CO_2-Ausstoß in kg	3,6	620	120	1 350

   a) Berechne für alle Verkehrsmittel den CO_2-Ausstoß pro Kilometer.

   b) Schätze, wie viele Personen in jedem Verkehrsmittel in etwa befördert werden. Ermittle den ungefähren CO_2-Ausstoß pro Person für jedes Verkehrsmittel.

   c) Diskutiert eure Ergebnisse aus Aufgabe b).

   d) Welches ist das umweltfreundlichste Verkehrsmittel, wenn ihr auch die anderen Schadstoffe, wie den Benzin-, Diesel- oder Kerosinverbrauch, berücksichtigt?

2 a) Beschreibe die Grafik.

   b) In der Grafik wurden zweimal gerundete Werte angegeben. Rechne nach.

   c) Warum dürfen die Anteile der erneuerbaren Energien im Streifendiagramm dargestellt werden, auch wenn ihre Summe nicht 100 % ergibt? Erkläre.

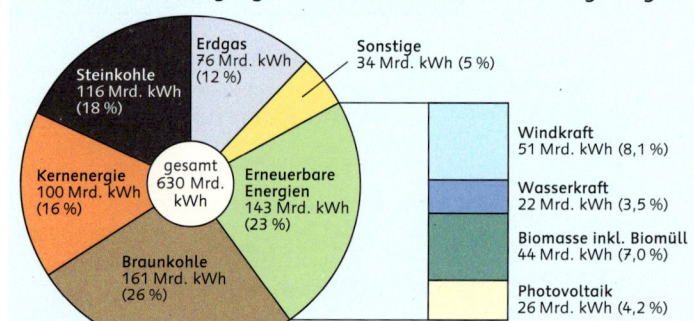

Bruttostromerzeugung in Deutschland 2012 nach Energieträgern

Erdgas 76 Mrd. kWh (12 %)
Sonstige 34 Mrd. kWh (5 %)
Steinkohle 116 Mrd. kWh (18 %)
Kernenergie 100 Mrd. kWh (16 %)
gesamt 630 Mrd. kWh
Erneuerbare Energien 143 Mrd. kWh (23 %)
Braunkohle 161 Mrd. kWh (26 %)
Windkraft 51 Mrd. kWh (8,1 %)
Wasserkraft 22 Mrd. kWh (3,5 %)
Biomasse inkl. Biomüll 44 Mrd. kWh (7,0 %)
Photovoltaik 26 Mrd. kWh (4,2 %)

Quelle: Statistisches Bundesamt   Stand: 8/2013

   d) Welchen Anteil in kWh machen Steinkohle, Braunkohle und Erdgas am Strommix aus? Berechne.

3 Ob sich der Kauf einer LED-Lampe lohnt, kann man berechnen*.

Preis: 4,40 €

Preis: 4,99 €

   a) Bestimme jeweils den Anschaffungspreis bei einer Leuchtdauer von 30 000 h.

Leistung: 12 W = 0,012 kW
Leuchtdauer: 15 000 h

Leistung: 7 W = 0,007 kW
Leuchtdauer: 30 000 h

   b) Berechne jeweils die Stromkosten mit folgender Faustformel:
      Leistung in kW · Leuchtdauer · 0,30 € = Stromkosten

   c) Berechne jeweils die Gesamtkosten. Vergleiche die Kosten.
      Anschaffungspreis + Stromkosten = Gesamtpreis

   d) Schätze: Wie viele Jahre kann eine LED-Lampe bei einer Leuchtdauer von 30 000 h halten? Berechne anschließend.

kWh – Kilowattstunde
*Die Leuchtstärke beider Lampen entspricht der einer 60-W-Glühbirne (E 27).

Das kannst du schon – Aufgaben für Profis

1 Kenans Vater möchte wissen, wie er im Haushalt elektrische Energie einsparen kann. Hierzu hat er mit einem Strommessgerät den Stromverbrauch verschiedener Geräte ermittelt. Die Werte hat er in eine Tabelle eingetragen.

a) Stelle die Anteile in einem geeigneten Diagrammtyp dar.

b) Berechne die Kosten für die jeweiligen Haushaltsbereiche.

⭐ c) Beim Umweltbundesamt entdeckt Kenans Vater folgende Spartipps:
1. Alle Stecker nicht benutzter Elektrogeräte ziehen.
2. Energiesparlampen bringen etwa 80 % Energieersparnis.
3. Wäsche kann immer auf der Leine/auf einem Ständer getrocknet werden.
4. Beim Kochen Töpfe und Pfannen verschließen, bringt 30 % Energieersparnis.
Berechne die Energieersparnis in €, wenn man diese Tipps konsequent umsetzt.

⭐ d) Stelle die Kostenersparnis in einem geeigneten Diagramm dar.

Stromkosten im Haushalt		
Haushaltsbereich	Anteil	Kosten
Unterhaltungselektronik	26 %	▪
Kochen	7 %	▪
Waschmaschine	4 %	▪
Trockner	11 %	▪
Warmwasser	15 %	▪
Licht	10 %	▪
Kühl-/Gefrierschrank	17 %	▪
Leerlaufstrom	4 %	▪
sonstiges	6 %	▪
Gesamt	▪	830 €

2 Überlege, ob die beiden folgenden statistischen Angaben und die jeweiligen Aussagen richtig sind. Begründe.

„Stressbelastung von Jugendlichen in den Abschlussklassen stark rückläufig"

„Jugendliche rundum zufrieden mit der Vorbereitung auf die Abschlussprüfung"

3 Fermi-Aufgabe: Ein Kekshersteller hat den Packungsinhalt seiner Kekse von 150 g auf 140 g gesenkt. Der Preis von 1,99 € ist gleich geblieben. Schätze, wie viel Geld der Kekshersteller pro Verkaufsjahr durch diese versteckte Preiserhöhung mehr verdient, wenn er gleich viele Kekspackungen verkauft.

Addition und Subtraktion rationaler Zahlen

1 a) Mit wie vielen Punkten Vorsprung führt Paul das Spiel an? Erkläre es mit einer Skizze.

b) Finde einen Partner. Erklärt euch gegenseitig eure Lösungswege.

c) Fasst zusammen: Worauf ist zu achten?

Noah: −12 Punkte | Paul: +29 Punkte

Den Abstand einer Zahl zum Nullpunkt auf der Zahlengeraden nennt man den Betrag. Das Vorzeichen gibt an, auf welcher Seite die Zahl vom Nullpunkt aus eingetragen werden muss. Der Betrag wird durch zwei senkrechte Striche gekennzeichnet. Die beiden Zahlen, die den gleichen Betrag haben, heißen Gegenzahlen.

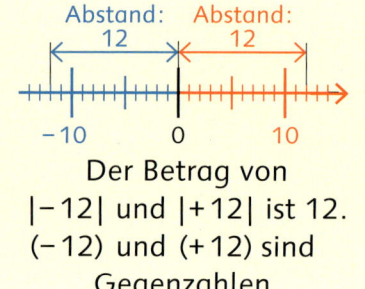

Der Betrag von $|-12|$ und $|+12|$ ist 12. (-12) und $(+12)$ sind Gegenzahlen.

---

2 a) Was bedeutet das Vorzeichen vor einer Zahl?

b) In welcher Richtung vom Nullpunkt liegen die Zahlen $(-75,2)$ und $(+75,2)$?

c) Wie heißt die Gegenzahl von $(-\frac{3}{8})$?

d) Warum ist der Betrag von $(-312,9)$ und $(+312,9)$ gleich?

e) Trage auf einer Zahlengeraden die Zahlen ein, die einen Betrag von 4 haben.

Vorzeichen und Rechenzeichen werden unterschieden. Das Vorzeichen gehört zur Zahl, das Rechenzeichen gibt an, was mit der Zahl zu tun ist. Um Rechenzeichen und Vorzeichen zu unterscheiden, werden Klammern gesetzt.

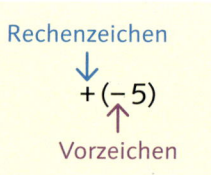

Rechenzeichen
↓
$+(-5)$
↑
Vorzeichen

---

3 Welcher Term passt zu diesen Aussagen? Erkläre und benutze die Fachbegriffe.

a) Zu (-3) kommen (-2) dazu.

b) Von 45 € Schulden werden 26 € Schulden abgezogen.

A	$(-3) - (-2)$	B	$(-3) + (-2)$
C	$(-3) - (+2)$	D	$(-3) + (+2)$

A	$(-45)\,€ - (-26)\,€$	B	$(-45)\,€ + (-26)\,€$
C	$(-45)\,€ - (+26)\,€$	D	$(-45)\,€ + (+26)\,€$

c) Denke dir eigene Aussagen aus. Dein Partner notiert den passenden Term.

Statt eine Zahl zu addieren, kannst du ihre Gegenzahl subtrahieren: $\quad +(-3) = -(+3)$

Statt eine Zahl zu subtrahieren, kannst du die Gegenzahl addieren: $\quad -(-4) = +(+4)$

1. Nutze die Gegenzahl, um den Term umzuformen. $\quad (-9) - (-4) = (-9) + (+4)$

2. Wenn das Vorzeichen einer Zahl positiv ist, $\qquad\qquad = (-9) + 4$
   kannst du die Klammer und das Vorzeichen weglassen.

3. Wenn vor einer Zahl kein Rechenzeichen steht, $\qquad\qquad = -9 + 4$
   kannst du die Klammer ebenfalls weglassen. $\qquad\qquad\qquad\quad = -5$

4 Forme um und rechne aus.

a) $(+4) - (-8)$ b) $(-17) + (-9)$ c) $(+721) + (-403)$ d) $(-39,5) - (-218,6)$

e) $(+\frac{1}{4}) - (-\frac{3}{4})$ f) $(-\frac{2}{5}) + (+\frac{7}{10})$ ⭐ g) $(-9,2) - (+0,4) + (-1,7)$

5 Formuliere eine passende Frage. Stelle den Term auf. Forme um und rechne aus.

a) Der Kontostand liegt bei $(-67,12)\,€$. Dazu kommt das Gehalt von $(+1\,236,79)\,€$.

b) Zwei Taucher befinden sich $(-14,6)\,m$ unter Wasser. Sie beschließen, $(-3)\,m$ tiefer zu tauchen.

c) Auf dem Berggipfel wird eine Temperatur von $(-19,2)\,°C$ gemessen. Im Tal liegt sie bei $(-14,5)\,°C$.

d) ⭐ Beim Skirennen ist die aktuelle Bestzeit $(+58,24)\,s$. Bei der nächsten Fahrerin zeigt die Anzeige $(-0,32)\,s$ an.

6  Sind Rechenzeichen und Vorzeichen gleich, wird daraus plus. Sind Rechenzeichen und Vorzeichen verschieden, wird daraus minus.

 Ich bin nicht sicher, ob das stimmt.

Prüft, ob Annas Behauptung stimmt. Es gibt vier verschiedene Kombinationen von Rechenzeichen und Vorzeichen. Fertigt dazu eine Tabelle an. Denkt euch für jede Kombination ein Beispiel aus. Stellt eure Ergebnisse der Klasse vor. Erklärt.

7 Forme um und rechne aus.

a) $(-6) - (-9)$ b) $(+962) + (-295)$ c) $(-187,45) + (+49,06)$ d) $(-39,5) - (+218,6)$

e) $\frac{3}{4} - (-\frac{3}{4})$ f) $(+\frac{5}{6}) + (-\frac{3}{12})$ g) $\frac{1}{2} + (-\frac{2}{3})$ h) $(-\frac{4}{5}) - (-\frac{2}{3})$

🔑 $-258,1 \quad -138,39 \quad -\frac{1}{6} \quad -\frac{2}{15} \quad +\frac{7}{12} \quad +1\frac{1}{2} \quad +1\frac{3}{4} \quad +3 \quad +667$

8 Forme um. Fasse zusammen und rechne aus.

a) $(-39) - (-12) + (-8) + (+3)$

b) $(+12,4) + (-0,5) - (+3,7) - (-5,8)$

c) $-\frac{1}{2} - (-\frac{1}{2}) + (-\frac{3}{4}) - (+\frac{1}{4}) + (+1)$

🔑 $-40 \quad -32 \quad 0 \quad +14$

Multiplikation rationaler Zahlen

1

Ich multipliziere die Beträge. Dann überlege ich mir, welches Vorzeichen das Ergebnis bekommt.

a) Erkläre, wie Ben rechnet. Welches Ergebnis wird er erhalten?

b) Prüfe die Lösung mit der passenden Additionsaufgabe.

Haben zwei Faktoren gleiche Vorzeichen, dann ist das Ergebnis positiv.	Haben zwei Faktoren unterschiedliche Vorzeichen, dann ist das Ergebnis negativ.
$(+4,5) \cdot (+5,1) = (+22,95)$ $(-4,5) \cdot (-5,1) = (+22,95)$	$(-4,5) \cdot (+5,1) = (-22,95)$ $(+4,5) \cdot (-5,1) = (-22,95)$

2 Was ist bei der Multiplikation rationaler Zahlen zu beachten? Erkläre.

3 Welche Vorzeichen passen? Schreibe die Aufgaben richtig ins Heft.

Was fällt dir auf?   a) $(\blacksquare \frac{1}{2}) \cdot (\blacksquare \frac{2}{3}) = (-\frac{1}{3})$ b) $(\blacksquare 0,8) \cdot (\blacksquare 3) = (+2,4)$

4 Rechne im Kopf.   a) $(+5) \cdot (-7) = \blacksquare$ b) $(-6) \cdot (-9) = \blacksquare$ c) $(-4) \cdot (+8) = \blacksquare$

d) $(-8) \cdot (-7) = \blacksquare$ e) $(+9) \cdot (-11) = \blacksquare$ f) $(-12) \cdot (-4) = \blacksquare$ g) $(-25) \cdot (+4) = \blacksquare$

h) $(+6) \cdot \blacksquare = (+36)$ i) $(-4) \cdot \blacksquare = (+20)$ k) $\blacksquare \cdot (-3) = (-24)$ l) $\blacksquare \cdot (+6) = (-24)$

5 Rechne aus.   a) $(-11,1) \cdot (-11,1)$ b) $(+12) \cdot (+12)$ c) $(+13) \cdot (-8)$

d) $(-18) \cdot (-\frac{1}{6})$ e) $(-2,9) \cdot (+3,4)$ f) $(+1,8) \cdot (-2,6)$ g) $(-\frac{2}{5}) \cdot (-\frac{15}{24})$

6 Denke dir zwei Aufgaben zur Multiplikation mit unterschiedlichen Vorzeichen und zwei Aufgaben mit gleichen Vorzeichen aus. Löse die Aufgaben. Tausche die Aufgaben mit einem Partner und kontrolliert eure Ergebnisse gegenseitig.

7 Für die Abzahlung eines Kleinkredites über zwei Jahre werden monatlich $(-12,99)$ € vom Konto abgebucht. Wie viel wird insgesamt zurückgezahlt?

8 a) Finde mindestens vier Multiplikationsaufgaben, die das Ergebnis $(+12)$ haben.

b) Finde mindestens vier Multiplikationsaufgaben, die das Ergebnis (-18) haben.

Division rationaler Zahlen

1

Das Vorgehen ist so ähnlich, wie ich es bei der Multiplikation geübt habe.

$(-24) : (+4) =$

a) Erkläre, wie Mira rechnet. Welches Ergebnis wird sie erhalten?

b) Prüfe die Lösung mit einer Probe.

> Beim Dividieren rationaler Zahlen werden zuerst die Beträge dividiert. Danach wird das Vorzeichen des Ergebnisses bestimmt.

> Werden Zahlen mit gleichen Vorzeichen dividiert, dann ist das Ergebnis positiv.
>
> $(+27) : (+3) = (+9)$
> $(-27) : (-3) = (+9)$

> Werden Zahlen mit unterschiedlichen Vorzeichen dividiert, dann ist das Ergebnis negativ.
>
> $(+27) : (-3) = (-9)$
> $(-27) : (+3) = (-9)$

2 Welche Vorzeichen passen? Schreibe die Aufgaben richtig ins Heft.

Was fällt dir auf?   a) $(\blacksquare 21) : (\blacksquare 7) = (-3)$ b) $(\blacksquare \frac{4}{5}) : (\blacksquare 2) = (+\frac{2}{5})$

3 Rechne aus und überprüfe mit einer Probe.   Beachte:

a) $(-48) : (-6)$ b) $(-63) : (+7)$ c) $(+64) : (-8)$

d) $(-4,6) : (+2)$ e) $(-1,5) : (-3)$ f) $(+\frac{3}{4}) : (-2)$

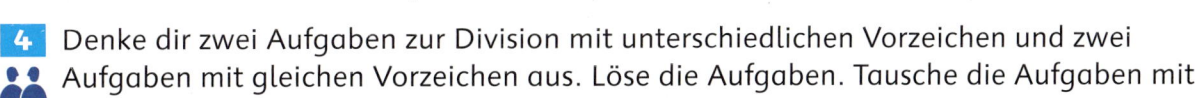

$: (+4)$
$(-36) \qquad (-9)$
$\cdot (+4)$

4 Denke dir zwei Aufgaben zur Division mit unterschiedlichen Vorzeichen und zwei Aufgaben mit gleichen Vorzeichen aus. Löse die Aufgaben. Tausche die Aufgaben mit einem Partner und kontrolliert eure Ergebnisse gegenseitig.

5 Familie Kruse nimmt einen Kredit in Höhe von $-2\,160\,€$ auf. Es werden zwei Angebote zur Abzahlung gemacht. Eine Abzahlung in 12 gleichen Monatsraten oder die Abzahlung in 18 gleichen Monatsraten. Wie hoch sind die Monatsraten jeweils?

6 a) Finde mindestens vier Divisionsaufgaben, die das Ergebnis (-3) haben.

b) Finde mindestens vier Divisionsaufgaben, die das Ergebnis $(+4)$ haben.

Vorsicht, Schuldenfalle

1 Geldschulden setzen sich aus dem geliehenen Geldbetrag und den Zinsen zusammen.
Falls man die Schulden nicht rechtzeitig zurückzahlen kann, werden die Zinsen ebenfalls verzinst. Hinzu kommen noch zusätzlich Strafzinsen und Gebühren.

> Wenn ich die Rückzahlung nicht schaffe, steigen meine Schulden also noch weiter an.

> Dann habe ich ja keine Chance, meine Schulden überhaupt zurückzahlen zu können.

a) Was bedeutet das Wort Schuldenfalle? Erkläre.

b) Welche Gründe kann es dafür geben, die Schulden nicht rechtzeitig zurückzahlen zu können?

c) Wie kann man sich vor der Schuldenfalle schützen?

2 Über 0 %-Finanzierungsangebote hat Familie Nier sich in einem Monat einen Fernseher, einen Tablet-PC und eine neue Waschmaschine gekauft.
Für die Laufzeit von zwei Jahren zahlen sie nun monatliche Raten von (−83,29) €, (−18,67) € und (−32,86) €.

a) Warum besteht bei Familie Nier die Gefahr einer Schuldenfalle? Vermute.

b) Berechne die Gesamtsumme der Raten im Monat.

c) Berechne, wie hoch die Schulden insgesamt sind.

3

Das neue
COR2 Univers
49 €
monatlicher Tarifpreis 28,98 €*
* Laufzeit 24 Monate
* in den ersten drei Monaten, dann 39,98 €.

Lohn + Ausbildungshilfe	+(+ 773,22) €
Miete und Nebenkosten	+(−339,16) €
Versicherungen	+(−63,88) €

> Hinzu kommen noch Kosten für Lebensmittel, Kleidung und Freizeit.

a) Vervollständigt das Haushaltsbuch. Begründet eure Schätzungen.

b) Kann sich Jasmin das neue Handy mit dem Vertrag leisten? Begründet mit einer Rechnung.

c) Jasmin möchte mehr Geld für ihr Handy zur Verfügung haben.
Wie könnte sie ihr Einkommen erhöhen oder ihre Ausgaben verringern?
Findet verschiedene Möglichkeiten.

Das kannst du schon – Aufgaben für Profis

1 Zeichne eine Zahlengerade. Überlege dir den passenden Maßstab.

    a) Trage ein: $(+1,5)$; $(-3,8)$; $(+5,1)$; $(-4,3)$ und die Zahlen mit dem Betrag 3.

    b) Ordne die Zahlen der Größe nach. Beginne mit der kleinsten Zahl.

    c) Berechne die Summe der eingetragenen Zahlen.

    ⭐ d) Berechne den Durchschnitt.

2 Forme um und rechne aus.

    a) $(-12) + (-8,3)$ b) $(-39,1) - (+103,9)$ c) $(+\frac{2}{7}) - (-\frac{2}{7})$ d) $(-\frac{3}{4}) + (-\frac{7}{8})$

    $(+2,2) + (-9)$ $(-372,9) - (-222,2)$ $(-\frac{1}{3}) - (+\frac{1}{6})$ $(-\frac{3}{4}) - (-\frac{5}{6})$

    e) $(-3,4) + (+2,6) - (-4,1) + (-7,8)$ f) $(+\frac{3}{5}) + (-\frac{3}{10}) - (-\frac{1}{5}) - (+\frac{4}{5})$

    ⭐ $(+49,3) - (-1,8) + (-13,5) + (+31,7)$ ⭐ $(-\frac{3}{4}) - (+\frac{1}{2}) - (-\frac{7}{8}) + (+\frac{1}{4})$

3 Schreibe den passenden Term auf und löse ihn.

    a) Die Temperatur liegt abends bei $-5,8\,°C$. In der Nacht fällt die Temperatur um weitere $2\,°C$. Wie kalt ist es in der Nacht?

    b) Im Haus zeigt das Thermometer $+22\,°C$. Die Außentemperatur beträgt $-1,5\,°C$. Wie hoch ist der Temperaturunterschied?

    ⭐ c) Vor der Überweisung des Gehalts lag der Kontostand bei $-3,92\,€$. Danach beträgt er $+1476,12\,€$. Wie hoch ist das Gehalt?

4 Welche Vorzeichen passen? Es gibt verschiedene Lösungen.

    👄 a) $(\blacksquare 12) \cdot (\blacksquare 4) = (-48)$ b) $(\blacksquare \frac{1}{2}) \cdot (\blacksquare 3) = (+\frac{3}{2})$ c) $(\blacksquare 0,2) \cdot (+0,2) = (\blacksquare 0,04)$

    $(\blacksquare 12) : (\blacksquare 3) = (+4)$ $(\blacksquare \frac{4}{5}) : (\blacksquare 2) = (-\frac{2}{5})$ $(-9,9) : (\blacksquare 3) = (\blacksquare 3,3)$

5 Rechne aus und überprüfe mit einer Probe.

    a) $(-12) \cdot (+2)$ b) $(+27) : (-9)$ c) $(+0,5) \cdot (-4)$ d) $(-\frac{2}{3}) \cdot (+\frac{6}{8})$

    $(-8) \cdot (-\frac{1}{2})$ $(-4,5) : (+3)$ $(-12) \cdot (-\frac{3}{4})$ ⭐ $(+\frac{4}{5}) : (+2)$

    $(+3,2) \cdot (-3,2)$ $(-12,8) : (-4)$ $(+24,3) : (-3)$ $(+\frac{2}{3}) : (-\frac{4}{9})$

6 Bei einer Meeresuntersuchung taucht ein U-Boot $480\,m$ tief. Während des Tauchgangs sollen in vier gleichen Abständen Wasserproben genommen werden. In welchen Tauchtiefen sind die Proben zu nehmen?

7 Inas kleiner Bruder leiht sich pro Monat $5,50\,€$ von seiner Schwester. Wie viel Schulden hat er nach einem Jahr bei Ina?

Wiederholung: Prismen und Zylinder

1 Anna möchte ihr Zimmer dekorieren. Sie hat verschiedene Kerzen gekauft.

a) Benenne die einzelnen Kerzenformen.

b) Beschreibe einem Partner die Merkmale der einzelnen Körperformen.

c) Findet Gemeinsamkeiten und Unterschiede zwischen Prismen und Zylindern. Stellt eure Ergebnisse der Klasse vor.

2 A 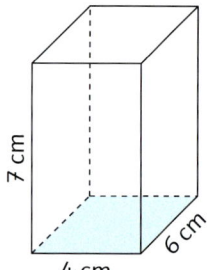   B 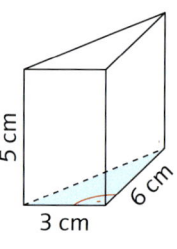   C 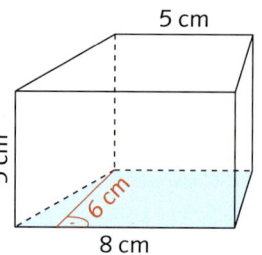   D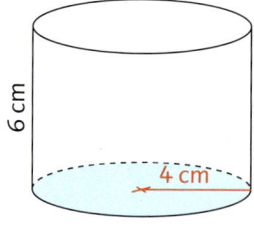

a) Welche Grundflächen haben die verschiedenen Körper?

b) Überlege mit einem Partner, wie die Oberfläche und das Volumen der Körper berechnet werden.

c) Findet die entsprechenden Formeln. Welche Maßangaben werden zur Berechnung jeweils benötigt?

d) Suche dir mindestens zwei Körper aus. Berechne die Oberfläche und das Volumen.

e) Tragt eure Ergebnisse zusammen und kontrolliert gegenseitig.

3 Abgebildet sind die Grundflächen verschiedener Prismen und Zylinder. Die Körperhöhe beträgt immer 16 cm. Berechne jeweils das Volumen.

a) 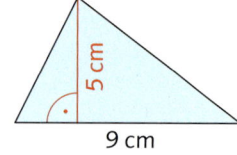   b) 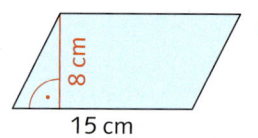   c) 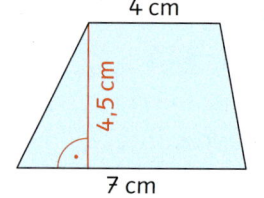   d)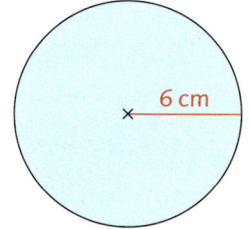

4 Von welchem Körper in Aufgabe **3** kannst du die Oberfläche berechnen? Begründe.

Ich fertige mir immer eine Skizze an, in die ich die gegebenen Maße eintrage.

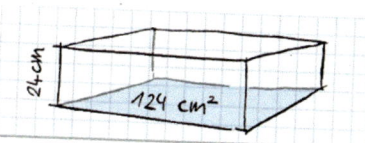

5 Die Grundfläche eines Prismas beträgt 124 cm² und die Körperhöhe ist 24 cm. Berechne das Volumen.

Ist es eigentlich egal, welche Form die Grundfläche des Prismas hat?

6 Der Umfang eines Prismas beträgt 47,5 cm. Es ist 14 cm hoch. Berechne die Mantelfläche.

7 Die Grundfläche eines Prismas beträgt 55 cm². Der Umfang ist 52 cm und die Körperhöhe ist 26 cm. Berechne die Mantelfläche, die Oberfläche und das Volumen.

8 Ein quaderförmiger Holzbalken hat ein Volumen von 67,5 dm³. Wie lang ist der Balken in Meter, wenn er 25 cm lang und 15 cm breit ist?

a) Schreibe die Formel für die Volumenberechnung auf.

b) Stelle die Formel nach der gesuchten Größe um.

c) Rechnet und vergleicht eure Ergebnisse.

Tipp: Achte auf die Maßeinheiten.

9 Nach Abzug für den Verschnitt und die Nahtzugabe wurden für den Bezug eines Würfels 3,84 m² Stoff gebraucht. Welches Volumen hat dieser Würfel?

10 Der Inhalt einer würfelförmigen Verpackung mit einer Kantenlänge von 10 cm soll in einen Quader umgeschüttet werden. Der Quader ist 12,5 cm lang und 5 cm breit. Wie hoch muss der Quader mindestens sein?

11 Hat Tim recht? Begründe.

Ich behaupte, dass eine Dose mit einem Durchmesser von 12 cm und einer Höhe von 6 cm das gleiche Volumen hat wie eine Dose mit einem Durchmesser von 6 cm und einer Höhe von 12 cm.

12 Für einen barrierefreien Zugang soll eine Rampe aus Beton an eine Treppe angegossen werden.

a) Wie viel Kubikmeter Beton werden benötigt?

b) Wie teuer wird die Rampe, wenn ein Kubikmeter Beton 93 € kostet?

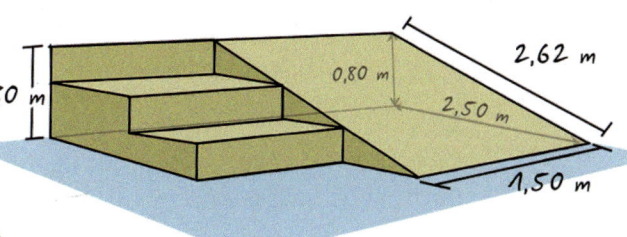

Oberfläche und Volumen von Pyramiden

1 Bildet Gruppen. Jede Gruppe erhält ein DIN-A4-Blatt und einen 80 cm langen Klebestreifen.

   a) Baut ein möglichst hohes Objekt.
      Es soll frei stehen können und darf nicht auf eine Unterlage geklebt werden.

   b) Präsentiert den anderen Gruppen euer Ergebnis.

   c) Diskutiert eure Beobachtungen.

   d) Welcher geometrische Körper lässt sich am einfachsten herstellen?

2 A  B  C  D

   a) Welche geometrischen Körper sind abgebildet?

   b) Beschreibe einem Partner die Merkmale der abgebildeten Körper.

   c) Beschreibe jeweils die Gemeinsamkeiten und die Unterschiede.

3 Übertrage das Netz der Pyramide in dein Heft.

   a) Färbe die Grundfläche blau und die Mantelfläche rot ein.

   b) Wie kann man die Oberfläche dieser Pyramide berechnen? Stelle mit einem Partner eine Formel auf.

   c) Stellt euch eure Ergebnisse gegenseitig vor.

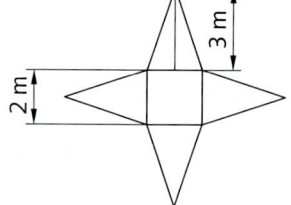

4 Die Formel für das Volumen einer Pyramide kannst du mit zwei Kunststoffkörpern experimentell herausfinden.

   a) Du benötigst eine Pyramide und einen Quader mit gleich großer Grundfläche. Beide Körper haben die gleiche Höhe. Fülle die Pyramide komplett mit Sand und schütte dann den Sand in den Quader.

   b) Wie oft passt der Inhalt der Pyramide in den Quader?

   c) Suche dir einen Partner. Schreibe die Formel zur Berechnung des Volumens eines Prismas auf. Wie musst du diese Volumenformel verändern, um mit ihr das Volumen einer Pyramide berechnen zu können?

   d) Vergleicht eure Ergebnisse in der Klasse.

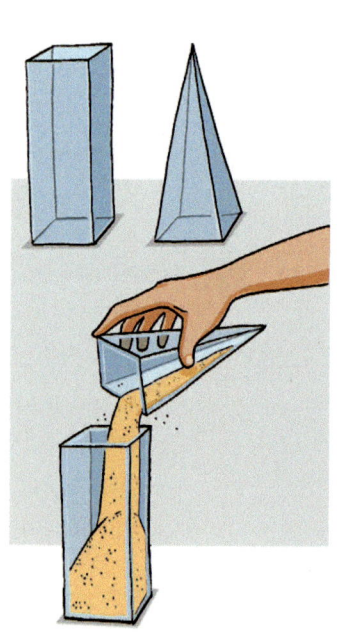

> Die Oberfläche und das Volumen einer Pyramide werden mit folgenden Formeln berechnet:
>
> $$O = G + M \qquad\qquad V = \frac{1}{3} \cdot G \cdot h_K$$

> Ich rechne: Grundfläche mal Körperhöhe geteilt durch 3.

5 Berechne jeweils die Oberfläche der Pyramiden.

a)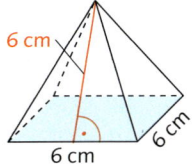

6 cm
6 cm
6 cm

b)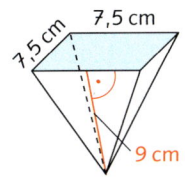

7,5 cm
7,5 cm
9 cm

c)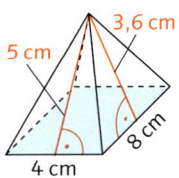

3,6 cm
5 cm
8 cm
4 cm

d)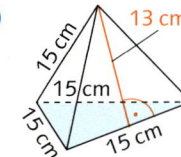

15 cm
13 cm
15 cm
15 cm
15 cm

6 a) Lies aus der Zeichnung alle Maße ab. Es gibt zwei Höhenangaben. Erkläre den Unterschied.

b) Wie lautet die Formel für die Berechnung des Volumens einer Pyramide mit quadratischer Grundfläche? Notiere.

c) Berechne das Volumen.

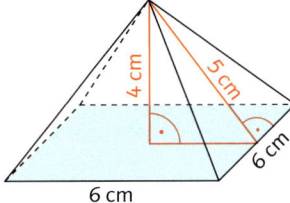

4 cm
5 cm
6 cm
6 cm

7 Abgebildet sind die Grundflächen verschiedener Pyramiden. Die Körperhöhe h_k beträgt immer 8 cm. Berechne jeweils das Volumen.

a)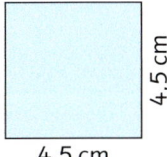

4,5 cm
4,5 cm

b)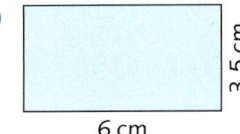

6 cm
3,5 cm

c)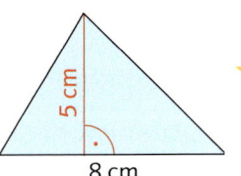

5 cm
8 cm

d)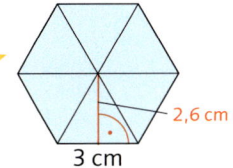

2,6 cm
3 cm

8 Von einer Pyramide mit quadratischer Grundfläche sind die Seitenlänge a = 6 m und die Höhe h_K = 4 m gegeben. Wie groß ist die Oberfläche der Pyramide? Paul meint: „Ich nutze hierfür den Satz des Pythagoras."

a) Welche Größe fehlt zur Berechnung?

b) Überlegt und beschreibt, wie Paul rechnen könnte.

c) Berechnet auch das Volumen der Pyramide.

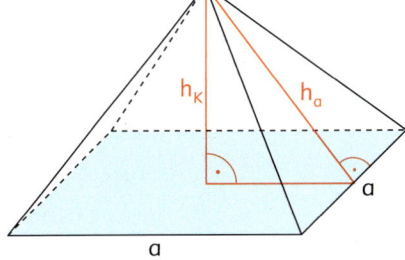

h_K
h_a
a
a

9 Die Eingangspyramide eines Einkaufszentrums hat eine quadratische Grundfläche mit einer Kantenlänge von 30 m und einer Seitenkantenlänge von 25 m.

a) Wie groß ist die Glasfläche inklusive der Rahmen, die gereinigt werden muss?

b) Präsentiere deinen Lösungsweg und stelle dein Ergebnis vor.

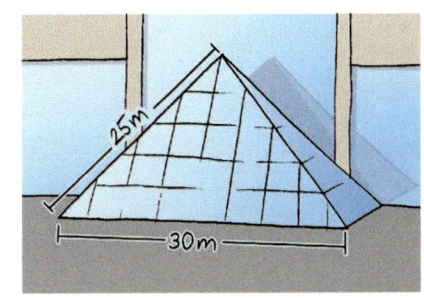

25 m
30 m

Oberfläche und Volumen von Kegeln und Kugeln

1 Mira möchte für ihren kleinen Bruder zum Schulanfang eine Schultüte basteln. Stelle dafür ein Modell her.

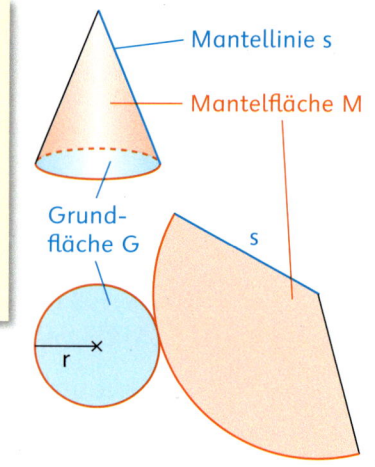

> Kegel haben wie Zylinder eine kreisförmige Grundfläche.
> Die Mantelfläche ist ein Kreisausschnitt.
>
> Flächeninhalt eines Kegelmantels*:
> $$M = \pi \cdot r \cdot s$$
>
> Oberfläche eines Kegels:
> $$O = G + M$$
> $$O = \pi \cdot r^2 + \pi \cdot r \cdot s$$

2 Die Schultüte hat an der Öffnung einen Durchmesser von 30 cm und die Seitenlänge beträgt 80 cm. Wie viel Quadratmeter Papier benötigt Mira für die Schultüte?

3 Von einem Kegel sind der Radius von 3,5 cm und die Mantellinie s von 7,6 cm bekannt. Berechne die Oberfläche dieses Kegels.

4 Die Formel für das Volumen eines Kegels kannst du mit zwei Kunststoffkörpern experimentell herausfinden.

a) Du benötigst einen Kegel und einen Zylinder mit gleich großer Grundfläche. Beide Körper haben die gleiche Höhe. Fülle den Kegel komplett mit Sand und schütte dann den Sand in den Zylinder.

b) Wie oft passt der Inhalt des Kegels in den Zylinder?

c) Suche dir einen Partner. Schreibe die Formel zur Berechnung des Volumens eines Zylinders auf. Wie musst du diese Volumenformel verändern, um mit ihr das Volumen eines Kegels berechnen zu können?

d) Vergleicht eure Ergebnisse in der Klasse.

> Das Volumen eines Kegels wird mit folgenden Formeln berechnet:
> $$V = \tfrac{1}{3} \cdot G \cdot h_K$$
> $$V = \tfrac{1}{3} \cdot \pi \cdot r^2 \cdot h_K$$

> Ich rechne: Grundfläche mal Körperhöhe geteilt durch 3.

5 Vergleiche die Formeln zur Berechnung des Volumens eines Kegels und einer Pyramide mit den Formeln zur Volumenberechnung von Prismen und Zylindern.

*zur Herleitung der Berechnung der Mantelfläche das Angebot in den Kopiervorlagen beachten

6 Übertrage die Tabelle in dein Heft. Berechne die Oberfläche und das Volumen der Kegel.

	a)	b)	c)	d)	⭐ e)	⭐ f)
Radius r	3 cm	9 cm	5 cm	12,5 cm	5 cm	2,5 dm
Mantellinie s	6 cm	12 cm	9,8 cm	30 cm	12 cm	⬜
Höhe h_K	5,2 cm	9 cm	8,4 cm	32,5 cm	⬜	6,5 dm
Oberfläche O	⬜	⬜	⬜	⬜	⬜	⬜
Volumen V	⬜	⬜	⬜	⬜	⬜	⬜

7 Ein Indianerzelt hat einen kreisförmigen Grundriss mit einem Radius von 8 m. Die Höhe des Zelts beträgt 6 m. Berechnet das Volumen.

a) Finde mit einem Partner einen möglichen Rechenweg.

b) Stellt eure Ergebnisse in der Klasse vor.

c) Vergleicht die verschiedenen Lösungswege.

8 Du hast eine Kugel und einen Kegel mit den abgebildeten Maßen.

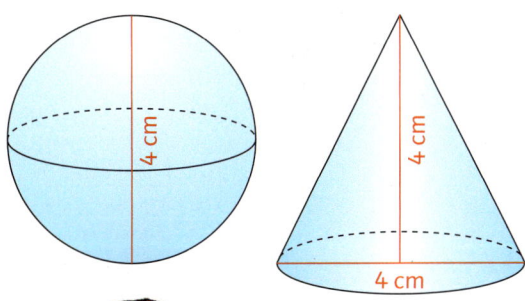

4 cm / 4 cm / 4 cm

a) Überlegt, welche Möglichkeiten es gibt, das Volumen der Kugel experimentell herauszufinden*.

b) Wie könnte die Formel für die Berechnung des Kugelvolumens hergeleitet werden?

> Die Oberfläche und das Volumen von Kugeln werden mit folgenden Formeln berechnet:
> $$O = 4 \cdot \pi \cdot r^2 \qquad V = \frac{4}{3} \cdot \pi \cdot r^3$$

Ich hab schon eine Idee.

9 Berechne die Oberfläche und das Volumen der Kugeln.

a) r = 5 cm   b) r = 4,5 m   c) d = 14 cm   d) d = 28,6 dm

e) r = 12 cm   f) r = 9,6 dm   g) d = 17 cm   h) d = 21,4 m

10 Welchen Radius hat eine Kugel mit einer Oberfläche von 113,04 cm²?

Prüfe dich

11 a) Berechne. $7 \cdot 6 - 3 : 3$ $7 \cdot (6 - 3) : 3$ $(7 \cdot 6) - (3 : 3)$ $(7 \cdot 6 - 3) : 3$

b) Setze Klammern. Das Ergebnis soll möglichst hoch (niedrig) sein. $7 \cdot 5 + 3 - 4$

*Hinweise in den Handreichungen beachten

Körper zeichnen

1 Bearbeitet die Aufgabe nach der „Think-Pair-Share"-Methode.

a) Zeichne eine quadratische Pyramide in dein Heft.

b) Beschreibe deine Konstruktionsschritte.

c) Worauf musst du beim Zeichnen eines Schrägbildes unbedingt achten? Tausche dich mit einem Partner aus.

d) Erstellt ein Lernplakat für das Zeichnen eines Schrägbilds.

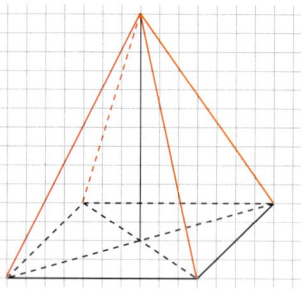

2 Zeichne das Schrägbild einer Dreieckspyramide mit den Kantenlängen $a = 3$ cm, $b = 4$ cm und $c = 5$ cm. Die Pyramidenhöhe beträgt $h_K = 3$ cm.

1 Zeichne zuerst das Dreieck. Kennzeichne die Höhe. Miss den Abstand zwischen A und der Höhe.

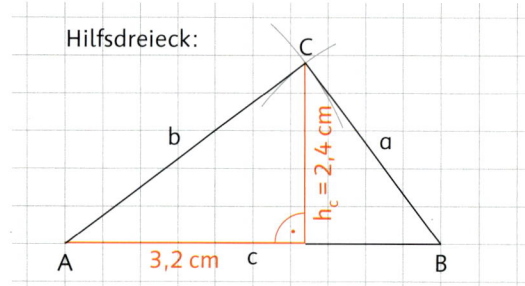

2 Zeichne noch einmal die Grundseite des Dreiecks. Die Höhe wird im Winkel von 45° und um die Hälfte verkürzt angetragen.

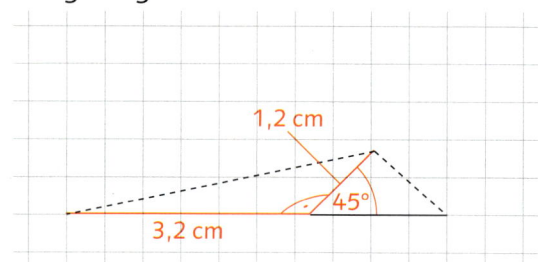

3 Ermittle den Mittelpunkt des Dreiecks. Halbiere hierzu jeweils die Seiten.

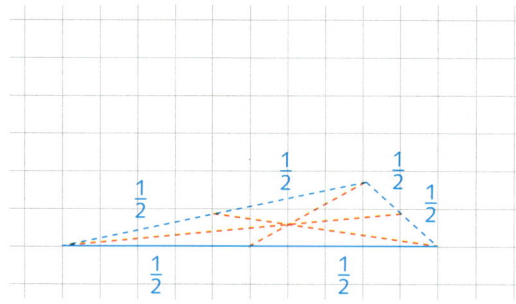

4 Trage die Höhe ab. Verbinde anschließend die Eckpunkte.

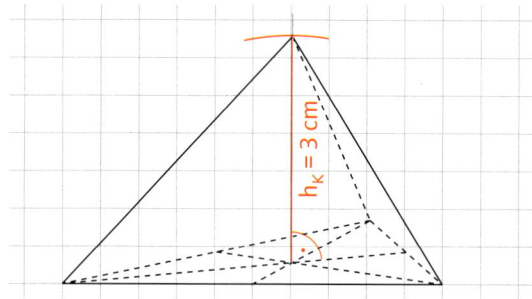

3 Zeichne drei verschiedene Dreiecke. Miss anschließend die Seitenlängen. Konstruiere aus jedem Dreieck eine Dreieckspyramide. Die Körperhöhe ist jeweils 5 cm. Beschreibe deine Konstruktionsschritte.

4 a) Zeichne das abgebildete Prisma und beschreibe deine Konstruktionsschritte. Nutze dein Wissen aus Aufgabe **2**.

b) Was ist hier einfacher als bei der Konstruktion von Pyramiden?

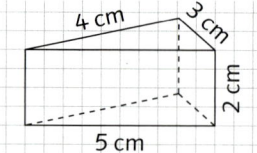

5 Beschreibe die Konstruktionsschritte beim Zeichnen eines Kegels.

1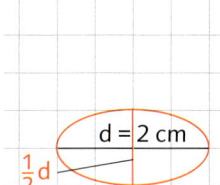
2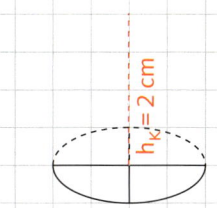
3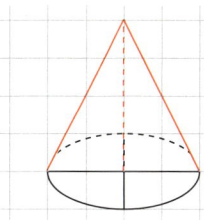

Tipp: Beachte, die Grundfläche wird freihand skizziert.

6 Zeichne drei Kegel mit unterschiedlich großer Kreisfläche. Die Höhe ist immer 6 cm.

7 a) Zeichne den abgebildeten Zylinder und beschreibe deine Konstruktionsschritte. Nutze dein Wissen aus Aufgabe **5**.

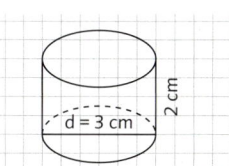

  b) Was ist hier anders als bei der Konstruktion von Kegeln?

8 Welches Netz gehört zu welchem Körper? Erkläre einem Partner die Merkmale.

a)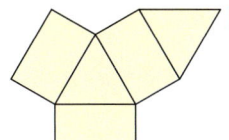
b)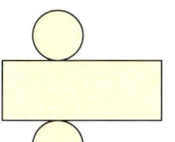
c)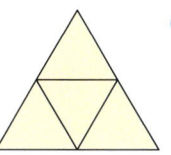
d)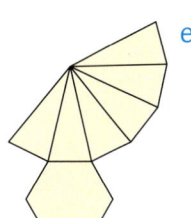
e)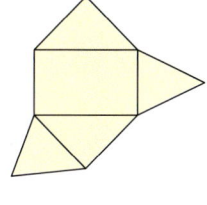

9 Beschreibe das Netz eines Kegels. Vergleiche es mit dem Netz eines Zylinders. Erkläre einem Partner die Gemeinsamkeiten und die Unterschiede.

10 a) Übertrage die Pyramidennetze in dein Heft.

  b) Welches der drei Netze hat die größte Oberfläche? Schätze.

  c) Überprüfe deine Schätzung durch Rechnungen.

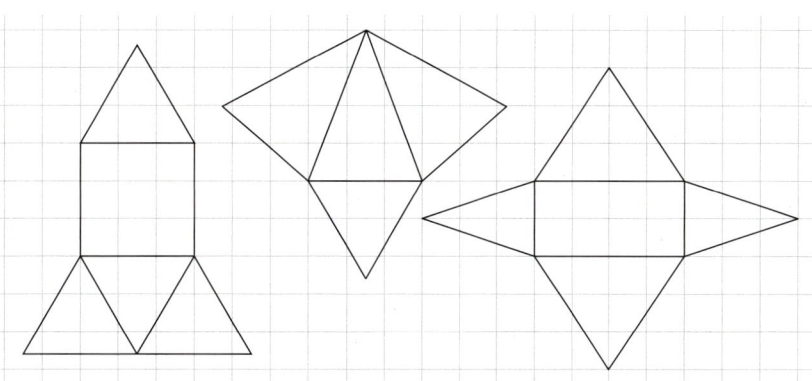

11 a) Welche geometrischen Körper sind abgebildet?

  b) Skizziere die Schrägbilder der Figuren.

  c) Skizziere die dazugehörigen Körpernetze.

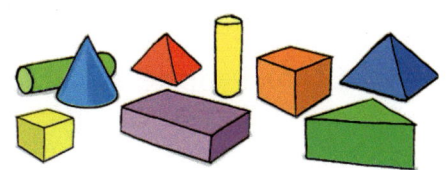

Zusammengesetzte Körper

1 Bei zusammengesetzten Körpern überlege ich zuerst, aus welchen einfachen Körpern sie bestehen.

Die einzelnen Volumenmaße addiere oder subtrahiere ich danach.

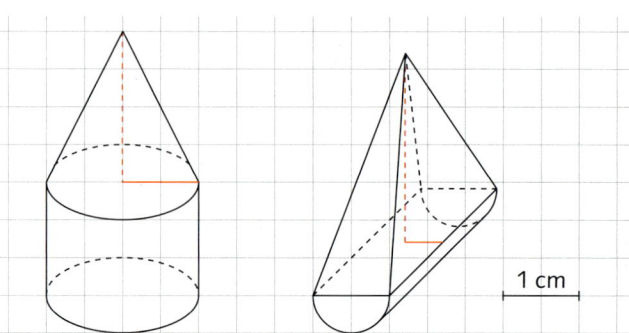

2 a) Aus welchen Körpern sind diese Werkstücke zusammengesetzt?

b) Zeichne die Figuren in dein Heft. Kennzeichne die verschiedenen Körper in unterschiedlichen Farben.

c) Lies die benötigten Maße ab. Berechne das Volumen der Körper.

1 cm

3

A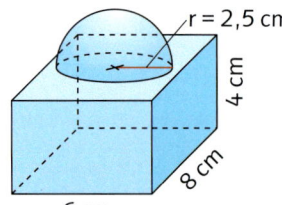

r = 2,5 cm
4 cm
8 cm
6 cm

B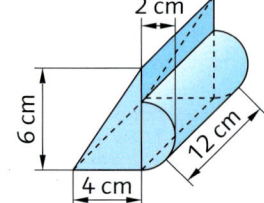

2 cm
6 cm
12 cm
4 cm

C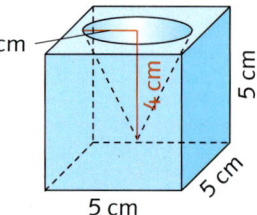

r = 2 cm
4 cm
5 cm
5 cm
5 cm

a) Zerlege die Körper sinnvoll. Tausche dich mit einem Partner aus.

b) Berechne das Volumen. Kontrolliert eure Ergebnisse gegenseitig.

4 Alle Kanten dieses Körpers sind 10 cm lang.

a) Berechne das Volumen. Runde auf zwei Stellen nach dem Komma.

b) Was musst du beachten, wenn du auch die Oberfläche des Körpers berechnen möchtest? Besprich dich mit einem Partner.

c) Berechne die Oberfläche des Körpers.

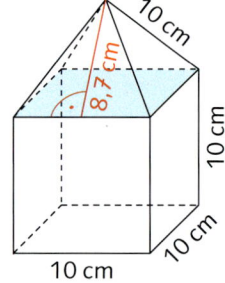

10 cm
8,7 cm
10 cm
10 cm
10 cm

Tipp: Bei der Berechnung des Volumens der Pyramide musst du den Satz des Pythagoras anwenden.

5 a) Berechne jeweils die Oberflächen der zusammengesetzten Körper von Aufgabe **3**. Rechne geschickt.

b) Vergleiche deinen Rechenweg und deine Ergebnisse anschließend mit denen eines Partners. Diskutiert.

Flächeninhalte innerhalb der Körper muss ich nicht berechnen.

zu Aufgabe 3: Angebot in den Kopiervorlagen nutzen

Das kannst du schon – Aufgaben für Profis

1 a) Suche in verschiedenen Formelsammlungen nach der Formel zur Berechnung der Oberfläche von Prismen, Pyramiden, Zylindern und Kegeln. Notiere die Formeln.

b) Vergleiche die Formeln mit denen im Schulbuch.

c) Erkläre einem Partner die Unterschiede. Begründe, wie sie zustande kommen.

2 a) Schätze die Größe der Oberfläche und das Volumen eines Zylinders mit dem Radius $r = 2,5\,cm$ und der Höhe $h_K = 4\,cm$. Erkläre einem Partner, wie du geschätzt hast.

b) Zeichne das Netz des Zylinders.

c) Berechne die Oberfläche und das Volumen des Zylinders.

d) Welche Schätzung war möglichst genau? Woran könnte das liegen?

3 Zeichne jeweils das Schrägbild und das Netz der folgenden Körper.

> Lege die Maße selbst fest.

a) ein Zylinder mit gleichem Durchmesser und gleicher Höhe

b) eine Pyramide, die 12 Kanten hat

4 Eine Pyramide hat eine Höhe $h_K = 10\,cm$ und ein Volumen $V = 480\,cm^3$. Parallel zur Grundfläche wird die Pyramide halbiert. Eine Seite der quadratischen Grundfläche hat nun die Länge $a = 8,5\,cm$. Berechne das Volumen der Pyramidenbasis.

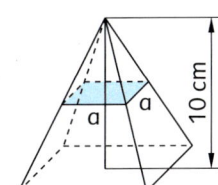

5 Ein Kegel hat den Radius $r = 3\,cm$ und die Höhe $h_K = 9\,cm$. Wie verändert sich das Volumen, wenn du …

a) den Radius verdoppelst?

b) die Höhe und den Radius verdoppelst?

c) die Höhe verdoppelst und den Radius halbierst?

d) den Radius verdoppelst und die Höhe halbierst?

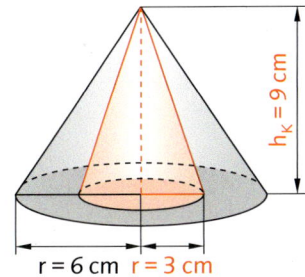

6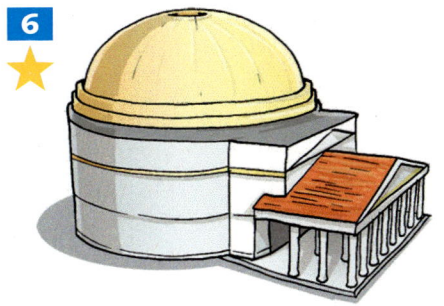

Das Pantheon in Rom besteht aus einem zylindrischen Bau mit aufgesetzter Halbkugel. Der innere Durchmesser des Zylinders ist gleich der Höhe des ganzen Innenraums und beträgt $d_{Zylinder} = 43,4\,m$.

a) Fertige eine Skizze des Innenraumes an. Notiere die entsprechenden Maße.

b) Berechne das Volumen des Innenraumes.

Körperansichten

Die Dreitafelprojektion ist ein Verfahren der darstellenden Geometrie um ein räumliches Objekt zeichnerisch in (drei) verschiedenen ebenen Ansichten darzustellen. Dabei entstehen die Vorderansicht, die Draufsicht und die Seitenansicht von links.

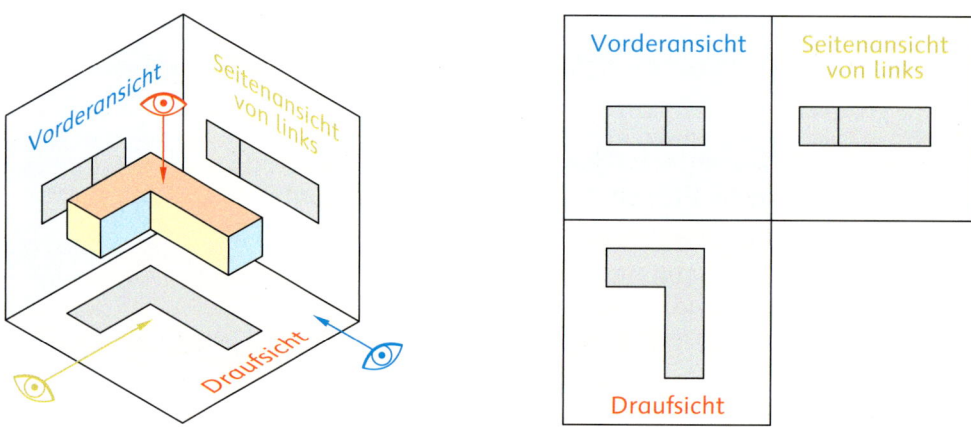

1 Erkläre, wie die Dreitafelprojektion zu verstehen ist.

2 Nehmt fünf verschiedene Bauklötze. Baut damit einen Körper.

   a) Zeichnet von diesem Körper die Vorderansicht, Draufsicht und Seitenansicht.

   b) Vergleicht eure Ergebnisse.

3 Zeichne die Körper in der Dreitafelprojektion. Die Maße sind in Zentimeter angegeben.

a)

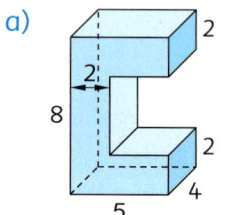

b)

c)

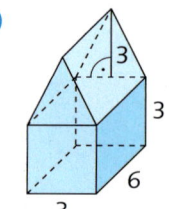

d)

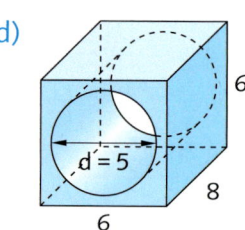

Technisches Zeichnen

1 Beschreibe.

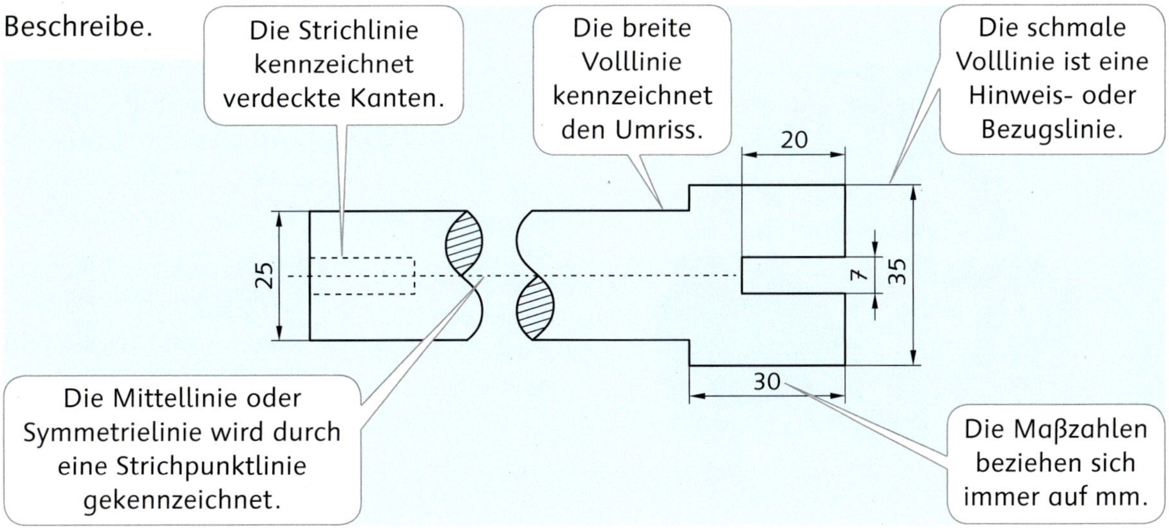

Die Strichlinie kennzeichnet verdeckte Kanten.

Die breite Volllinie kennzeichnet den Umriss.

Die schmale Volllinie ist eine Hinweis- oder Bezugslinie.

Die Mittellinie oder Symmetrielinie wird durch eine Strichpunktlinie gekennzeichnet.

Die Maßzahlen beziehen sich immer auf mm.

20

25

7

35

30

In einer technischen Zeichnung werden alle Informationen, die zur Herstellung eines Bauteils benötigt werden, zeichnerisch dargestellt. Häufig werden hierzu verschiedene Ansichten genutzt. Alle Maße müssen eindeutig ablesbar sein.

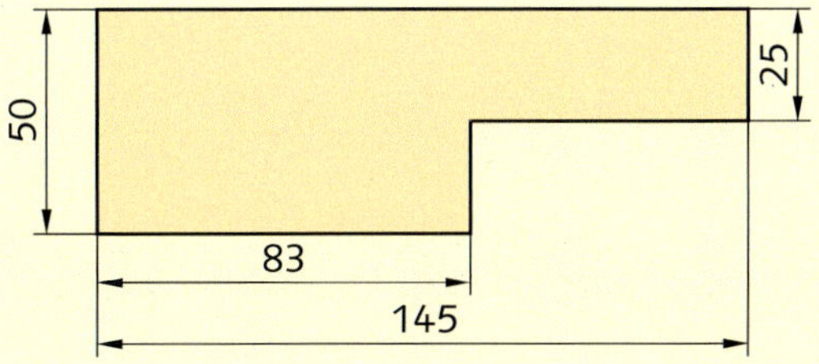

50

25

83

145

2 Übertrage die folgenden technischen Zeichnungen in dein Heft.

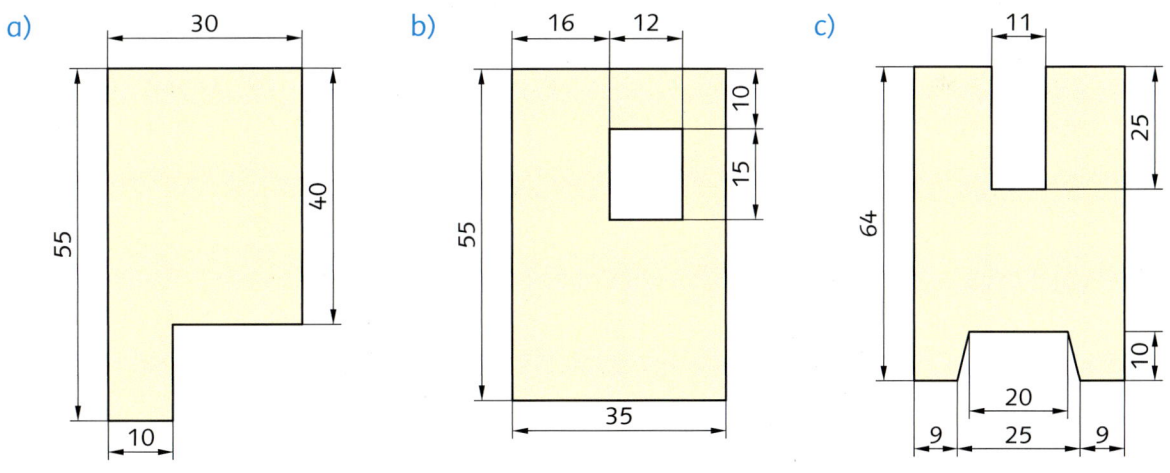

a)
30
55
40
10

b)
16   12
10
15
55
35

c)
11
25
64
10
9   25   9
20

3 a) Vergleiche die technischen Zeichnungen in Aufgabe **2** mit anderen Konstruktions-zeichnungen im Buch. Beschreibe Gemeinsamkeiten und Unterschiede.

b) In welchen Berufen fertigt man technische Zeichnungen an?

Bist du fit?

Ich habe vor dem Abgeben alle Ergebnisse überprüft und konnte noch Fehlendes ergänzen.

Ich habe bei einigen Ergebnissen die Maßeinheit vergessen. Deshalb wurden die Ergebnisse als falsch gewertet.

1 a) Überlegt gemeinsam: Warum ist es sinnvoll, bei einer schriftlichen Arbeit noch einmal alle Notizen und Ergebnisse zu überprüfen, bevor man die Arbeit abgibt?

b) Lest euch die Aufgaben **2** bis **9** durch. Bei welchen Aufgaben müsst ihr einen Antwortsatz formulieren? Bei welchen Aufgaben müsst ihr im Ergebnis auf die richtige Maßeinheit achten?

Bei einer schriftlichen Arbeit teile ich mir die Zeit so ein, dass ich am Ende etwas Zeit habe, meine Ergebnisse zu kontrollieren, und ich noch „kleine Fehler" korrigieren kann. Schnell überprüfen kann ich:
– Habe ich zu jedem Ergebnis die richtige Maßeinheit aufgeschrieben?
– Habe ich zu den Sachaufgaben jeweils einen Antwortsatz geschrieben?
– Wenn dann noch Zeit ist, überlege ich: Ist das Ergebnis der Sachaufgaben sinnvoll?

2 Überschlage zuerst und rechne danach schriftlich.

a) 874,21 kg − 93,487 kg
    6 673,2 km + 402,55 km

b) 45,324 ml · 2,5
    51,752 t : 4

c) 30,415 m − 9,3 m
    171,336 m³ : 8

3 Kenan hat in einem Säulendiagramm dargestellt, wie viel er monatlich gespart hat.

a) Erstelle eine Wertetabelle.

b) Wie viel hat Kenan durchschnittlich pro Monat gespart? Berechne.

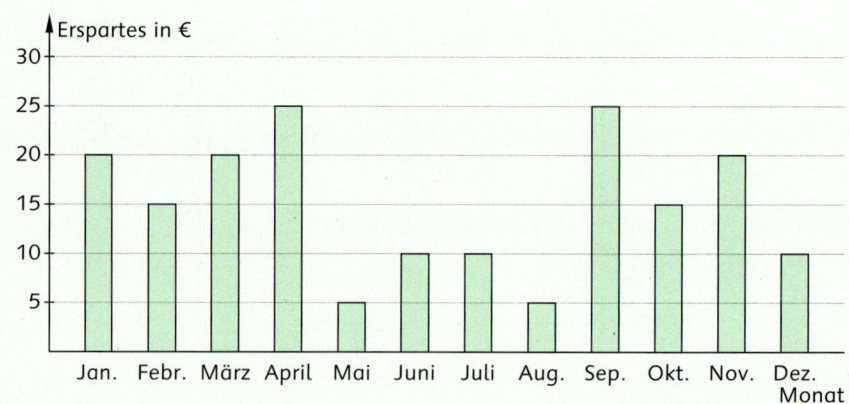

4 Löse die Gleichungen. Kontrolliere mit der Probe.

a) $3a + 5 = 11$

b) $8x − 9 = 23$

c) $58 = 6c + 4$

d) $17 + 4y = 7y + 8$

5 Mert und Jasmin wollen Freunde in Berlin besuchen. Sie planen, an einem Sonntag spätestens um 12:30 Uhr in Berlin zu sein.

a) Wann müssen sie spätestens am Hauptbahnhof in Hannover losfahren?

b) Wie lange dauert die Zugfahrt, wenn der Zug wegen einer Umleitung eine halbe Stunde länger fährt?

Hannover Hbf. → Berlin Hbf.

Ab	Zug		An	Verkehrstage
8.31	ICE 843	🍴	10.10	täglich
9.04	IC 1916		10.57	Mo.
9.31	ICE 543	🍴	11.08	täglich
10.18	IC 2388	🍴	12.06	Mo.–Sa.
10.31	ICE 845	🍴	12.10	Mo.–Fr.
11.31	ICE 545	🍴	13.08	täglich
12.31	ICE 847	🍴	14.11	täglich

6 Berechne.

a) $\frac{3}{4}$ von 300 cm

$\frac{7}{10}$ von 120 l

b) $\frac{2}{5}$ von 450 t

$\frac{7}{8}$ von 240 cm²

c) 10 % von 360 kg

25 % von 120 cm³

d) 50 % von 70 min

20 % von 450 ml

7 Berechne die Oberfläche und das Volumen.

a)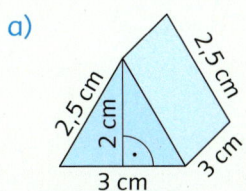

b)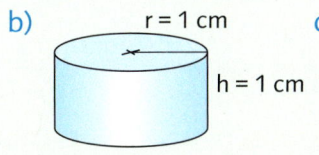

c)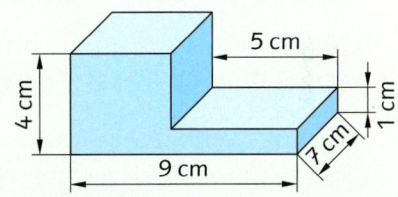

8 Berechne.

a) $-320 + 180$

b) $-90 - 250$

c) $-6 \cdot 4$

d) $-18 : 3$

9 Berechne die neuen Preise.

10 a) Kontrolliere deine Ergebnisse der Aufgaben **2** bis **9**. Beachte dabei die Fragen im Merkkasten. Wenn nötig, korrigiere oder ergänze deine Aufzeichnungen. Nutze dazu einen farbigen Stift.

b) Schätze ein, wie viele Punkte du durch deine Korrekturen und Ergänzungen zusätzlich erreicht hättest. Hättest du dadurch eine bessere Note bekommen?

c) Vergleicht in der Klasse: Welche Fehlerart konntet ihr am häufigsten selbst korrigieren? Schätzt ein, wie viele Schülerinnen und Schüler in eurer Klasse durch die Selbstkontrolle eine bessere Note erreicht hätten.

Wiederholung

1 Wenn man die Prozentrechnung auf den Geldverkehr anwendet, spricht man von Zinsrechnung. Die Aufgaben können daher wie bei der Prozentrechnung gelöst werden. Es ändern sich nur die jeweiligen Bezeichnungen. Ordne die Begriffe der Prozentrechnung oder der Zinsrechnung zu und schreibe ins Heft.

Kapital K   Zinssatz p%   Prozentwert W   Zinsen Z   Grundwert G   Prozentsatz p%

2 Ein Kapital von 370 € wird mit einem Zinssatz von 2,2 % pro Jahr verzinst. Wie hoch sind die Jahreszinsen*?

a) Notiere: Was ist gegeben, was wird gesucht?

b) Lies aus deiner Formelsammlung die Formel zur Berechnung der Jahreszinsen ab und notiere sie. Berechne, wie viel Zinsen man nach einem Jahr erhält.

c) Was bedeuten die Begriffe Zinsen Z , Kapital K und Zinssatz p% ? Erkläre die Begriffe deinem Partner.

d) Finde eine weitere Sachaufgabe zur Zinsrechnung. Dein Partner löst die Aufgabe.

3 a) Frau Lübeck benötigt für den Kauf eines Gebrauchtwagens 2 500 €. Das Geld kann sie sich von ihrer Bank zu einem Zinssatz von 6,8 % pro Jahr leihen. Wie hoch ist der Betrag, den sie nach einem Jahr an Zinsen zahlen muss?

b) Noah hat in den Ferien gearbeitet und 200 € verdient. Da er das Geld erst in einem Jahr braucht, legt er es auf seinem Sparbuch an. Dort wird das Geld mit einem Zinssatz von 1,5 % pro Jahr verzinst. Wie viel Zinsen bekommt er nach einem Jahr?

c) Warum sind die Zinssätze in den Aufgaben a) und b) verschieden hoch? Begründe.

4 Für welche Möglichkeit sollte sich Mert entscheiden? Begründe mit einer Rechnung. Besprecht anschließend die Vor- und Nachteile der verschiedenen Möglichkeiten.

Soll ich den Ratenkauf wählen?

Meine Bank nimmt bei Krediten jährlich nur 4,5 % Zinsen.

Kaufe das Handy lieber erst, wenn du das Geld dafür gespart hast.

330 € Sofortkauf
oder
30 € pro Monat für 1 Jahr

*Zinssätze beziehen sich in der Regel auf ein Zinsjahr (360 Tage); Kopiervorlage zur Selbsteinschätzung beachten

5

Löse immer zuerst den Bruch auf.

Wenn ich in die Formel zuerst die gegebenen Werte einsetze, fällt mir das Umformen viel leichter.

$$Z = \frac{K \cdot P}{100} \quad \big| \cdot 100$$

$$Z \cdot 100 = K \cdot P \quad \big| : P$$

$$\frac{Z \cdot 100}{P} = K$$

a) Beschreibe das Umformen der Zinsformel nach dem Kapital K.

b) Stellt gemeinsam die Zinsformel nach dem Zinssatz p um.

6 Löse jeweils zwei Aufgaben mit der Dreisatztabelle und danach die restlichen Aufgaben mit Hilfe der Formel.

a) Berechne die Zinsen.

Zinssatz p %	Zinsen in €
100	500
1	$\frac{500}{100}$
6	▨

: 100 ⎰ ⎱ : 100
· 6 ⎰ ⎱ · ▨

7 % auf 600 €
2,5 % auf 1 400 €
3,7 % auf 260 €
9,3 % auf 3 700 €
6,3 % auf 7 000 €

b) Berechne das Kapital.

Zinssatz p %	Kapital in €
3	78
1	$\frac{78}{3}$
100	▨

8 % sind 400 €.
5 % sind 8 750 €.
7,3 % sind 7,30 €.
4,8 % sind 43,20 €.
1,6 % sind 7,84 €.

c) Berechne den Zinssatz.

Zinsen in €	Zinssatz p %
120	100
1	$\frac{100}{120}$
3	▨

12 € von 400 €
3,75 € von 150 €
78 € von 1 000 €
9,60 € von 160 €
34,56 € von 480 €

🔑 2,5 % 9,62 € 30 € 3 % 35 € 42 € 6 % 100 € 344,10 € 7,2 % 441 € 490 € 7,8 % 900 € 2 600 €
8,7 % 5 000 € 175 000 €

7 War es für dich einfacher, mit der Dreisatztabelle zu arbeiten, oder rechnest du lieber mit der Formel? Begründe deine Meinung.

8 Herr Petrow legt 10 000 € zu einem Zinssatz von 2 % pro Jahr an.

a) Wie viel Zinsen bekommt Herr Petrow nach einem Jahr?

b) Wie viel Zinsen bekommt Herr Petrow nach einem Jahr, wenn er doppelt so viel Kapital bei gleichem Zinssatz anlegt? Vermute zuerst und rechne anschließend.

c) Wie viel Zinsen bekommt Herr Petrow nach einem Jahr, wenn bei einer anderen Bank der Zinssatz doppelt so hoch ist, Herr Petrow aber nur die Hälfte seines Kapitals anlegt? Vermute zuerst und rechne anschließend.

Zinsrechnung: Was ist gesucht?

> Wenn ich vermute, dass es sich bei einer Aufgabe um eine Aufgabe zur Zinsrechnung handelt, untersuche ich zuerst, welche Angaben ich der Aufgabe entnehmen kann. Dann weiß ich, wonach gesucht ist, und ich kann mich für eine der drei Formeln entscheiden.

1. Lies die Aufgabe genau.

Lisas Eltern nehmen einen Kredit von 2000€ zu einem Zinssatz von 7% auf. Wie viel Zinsen zahlen sie pro Jahr?	Ben hat 350€ auf dem Sparbuch. Dafür bekommt er 7€ Zinsen in einem Jahr. Wie hoch ist der Zinssatz?	Bei einem Zinssatz von 2,8% erhält Juri jährlich 42,70€ Zinsen. Wie viel Kapital hat er angelegt?

2. Notiere, welche Angaben gegeben sind.

Lisas Eltern nehmen einen Kredit von **2000€** zu einem **Zinssatz von 7**% auf. Wie viel Zinsen zahlen sie pro Jahr? gegeben: K = 2000€ p% = 7%	Ben hat **350€** auf dem Sparbuch. Dafür bekommt er **7€ Zinsen** in einem Jahr. Wie hoch ist der Zinssatz? gegeben: Z = 7€ K = 350€	Bei einem **Zinssatz von 2,8**% erhält Juri jährlich **42,70€ Zinsen**. Wie viel Kapital hat er angelegt? gegeben: Z = 42,70€ p% = 2,8%

↓ ↓ ↓

3. Prüfe anschließend, was gesucht ist. Du musst alle drei Angaben der Zinsrechnung notiert haben: Kapital K, Zinssatz p% und Zinsen Z.

gegeben: K = 2000€ p% = 7% gesucht: **Z** = ?	gegeben: Z = 7€ K = 350€ gesucht: **p**% = ?	gegeben: Z = 42,70€ p% = 2,8% gesucht: **K** = ?

↓ ↓ ↓

4. Nun kannst du die Aufgabe mit der passenden Formel lösen.

$$Z = \frac{K \cdot p}{100}$$

$$p = \frac{Z \cdot 100}{K}$$

$$K = \frac{Z \cdot 100}{p}$$

1 Schreibe in dein Heft und löse die Aufgaben.

a) Ling-Ling hat 460€ auf ihrem Konto. Der Zinssatz beträgt 2% pro Jahr.

b) Für einen Kredit in Höhe von 4000€ zahlen Oles Eltern 276€ Zinsen pro Jahr.

c) Bei einem Zinssatz von 7,7% zahlt Mert 46,20€ Zinsen pro Jahr.

2 Übertrage die Tabelle in dein Heft und berechne die fehlenden Werte.

	a)	b)	c)	d)	e)	f)
Kapital K	520 €		450 €		1 200 €	324 €
Zinssatz p %	6,4 %	7,7 %		6,2 %		4,3 %
Zinsen Z		385 €	22,50 €	55,80 €	45,60 €	

3 Vergleicht die Angebote.

Und welches Angebot ist nun wirklich am günstigsten?

Billigkredit
5.000 € für nur 480 €
Zinsen im Jahr!

Sparkredit
Zinssatz nur 7,8 % p.a.
ab 4.500 €

Superkredit
Für 2.500 € Kredit
zahlen Sie nur 205 €
Zinsen im Jahr!

4 Familie Kowalski hat 120 000 € im Lotto gewonnen. Für das Geld kann sie eine Wohnung kaufen, vermieten und jährlich 6 360 € Miete einnehmen.
Wenn die Familie das Geld fest anlegt, bekommt sie darauf jährlich 4,8 % Zinsen.
Wie sollte sich Familie Kowalski entscheiden? Begründe mit einer Rechnung.

5 Paul hat auf seinem Sparbuch 185,83 €. Er bekommt darauf einen Zinssatz von 1,3 % pro Jahr. Nach einem Jahr hat Paul 190,25 € auf seinem Sparbuch. Kann das sein? Prüfe.

6 Dana hat 270 € auf ihrem Konto und 83 € im Sparschwein. Zur Konfirmation hat sie 543 € erhalten. In einem Jahr möchte Dana den Führerschein machen. Ihre Eltern zahlen ihr die Hälfte des Führerscheins, die andere Hälfte muss Dana selbst bezahlen. Der Führerschein kostet 1 818 €.

a) Wie viel Geld hat Dana bereits?

b) Die Bank zahlt 1,5 % Zinsen, wenn Dana ihr Geld auf ein Sparbuch einzahlt. Reicht das Geld, um in einem Jahr ihren Anteil am Führerschein zu bezahlen?

Prüfe dich

7 Schreibe jede wahre Aussage ins Heft.

A Die Winkelsumme im Rechteck beträgt 380°.
B Bei einem gleichseitigen Dreieck gilt α = β = γ = 45°.
C Bei einem fairen Spielwürfel beträgt die Wahrscheinlichkeit, eine 6 zu würfeln, $\frac{1}{6}$.

Jahres-, Monats- und Tageszins

1 Berechne jeweils die Zinsen, die nach einem Jahr, nach 6 Monaten und nach einem Monat angefallen sind. Übertrage die Tabelle in dein Heft.

Ein Monat ist genau $\frac{1}{12}$ eines Jahres.

	Kapital K	Zinssatz p%	Zinsen Z nach ...		
			1 Jahr	6 Monaten	1 Monat
a)	2 000 €	2,1 %			
b)	480 €	1,5 %			
c)	33 000 €	1,9 %			
d)	76 000 €	2,4 %			

2

1 500 € Kapital bei einem Zinssatz von 1,5 % jährlich ... Dann habe ich nach 100 Tagen wie viel Zinsen?

Anna rechnet mit der Dreisatztabelle.

Zuerst berechnet sie die Jahreszinsen:

Zinssatz p%	Zinsen in €
100	1 500
1	$\frac{1500}{100}$
1,5	22,50

: 100 ⟍ ⟍ : 100
· 1,5 ⟍ ⟍ · 1,5

Danach berechnet sie die Tageszinsen:

Zinssatz p%	Zinsen in €
360	22,50
1	$\frac{22,5}{360}$
100	

: 360 ⟍ ⟍ : 360
· 100 ⟍ ⟍ · 100

Paul rechnet mit der Formel.

geg.:
$$K = 1\,500\,€$$
$$p\,\% = 1,5\,\%$$
$$\text{Zeit } t = 100 \text{ Tage}$$

ges.:
$$Z = ?$$

$$Z = \frac{K \cdot p}{100} \cdot \frac{t}{360}$$

$$Z = \frac{1\,500 \cdot 1,5}{100} \cdot \frac{100}{360}$$

$$Z = $$

a) Vergleiche beide Rechenwege miteinander.
   Wie viel Zinsen bekommt Anna nach 100 (20, 45, 175, 360) Tagen?

b) An welcher Stelle der Formel wird die Zeit berücksichtigt? Erkläre.

c) Wie müsste die Formel verändert werden, wenn nach den Zinsen pro Monat gefragt ist? Diskutiert.

d) Wie viel Zinsen erhält Anna nach 8 (3, 7, 9, 11) Monaten?
   Du kannst mit der Dreisatztabelle oder mit Hilfe der Formel rechnen.

Zinsen

Außer dem Jahreszins (360 Tage) gibt es auch den Monatszins (30 Tage) und den Tageszins (1 Tag). Daraus ergeben sich folgende drei Formeln:

Zinsen für 1 Jahr	Zinsen für m Monate	Zinsen für t Tage
$Z = \frac{K \cdot P}{100}$	$Z = \frac{K \cdot P}{100} \cdot \frac{m}{12}$	$Z = \frac{K \cdot P}{100} \cdot \frac{t}{360}$

3 Berechne die Zinsen für den angegebenen Zeitraum mit der passenden Formel.

a) K = 720 €
p % = 2 %
t = 50 Tage

b) K = 1080 €
p % = 1,5 %
m = 9 Monate

c) K = 23 400 €
p % = 1,3 %
t = 250 Tage

4 Tim hat beim Malwettbewerb 300 € gewonnen. Er zahlt das Geld auf sein Konto ein. Dafür bekommt er einen Zinssatz von 1,6 % pro Jahr. Wie viel Zinsen bekommt er nach einem Monat, zwei Monaten, einem viertel Jahr, einem halben und einem ganzen Jahr?

5 Merts Vater hat 15 000 € geerbt. Zuerst zahlt er das Geld auf sein Konto ein. Hierfür erhält er einen Zinssatz von 1,2 % pro Jahr. Nach 50 Tagen hat er sich entschieden, das Geld ohne die Zinsen für 310 Tage zu einem Zinssatz von 2,3 % auf einem Tagesgeldkonto anzulegen.

a) Wie viel Zinsen erhält er für die 50 Tage auf seinem Konto?

b) Wie viel Zinsen erhält er für die 310 Tage auf seinem Tagesgeldkonto?

c) Wie viel mehr Zinsen hätte er für das Jahr erhalten, wenn er das Geld sofort zu einem Zinssatz von 2,3 % angelegt hätte?

6 Neue Winterreifen für das Auto der Familie Ume kosten 180 € pro Stück. Die Familie hat noch ein Guthaben von 145 € auf ihrem Konto. Um die Rechnung zu begleichen, überzieht Familie Ume ihr Konto für 13 Tage. Der Zinssatz für die Überziehung des Kontos liegt bei 13,5 % im Jahr. Wie viel Zinsen muss Familie Ume bezahlen?

Info: Wird von einem Konto ein Betrag abgehoben, der größer als das Guthaben ist, müssen Überziehungszinsen oder Dispozinsen gezahlt werden.

7 Formuliert zu folgenden Angaben eine realistische Sachaufgabe zur Zinsrechnung. Tauscht anschließend eure Aufgaben mit einem anderen Tandem und löst diese.

a) K = 430 €
p % = 1,8 %
m = 10 Monate

b) K = 25 600 €
p % = 7,5 %
m = 6 Monate

c) K = 650 €
p % = 13,8 %
t = 12 Tage

Zinseszins

> 4 000 € Kapital bei einem Zinssatz von 2 % jährlich … Dann habe ich nach zwei Jahren wie viel Geld?

Wie hoch ist das Kapital von Frau Petra Chen nach zwei Jahren, wenn sie kein Geld abhebt, aber auch kein Geld mehr einzahlt?

Anna rechnet mit der Dreisatztabelle.

Frau Chen rechnet mit der Formel.

Zinsen nach 1 Jahr:

Zinssatz p %	Zinsen in €
100	4 000
1	$\frac{4000}{100}$
2	80

: 100 und · 2 (links); : 100 und · 2 (rechts)

Kapital nach 1 Jahr:
4 000 € + 80 € = 4 080 €

Zinsen nach 2 Jahren:

Zinssatz p %	Zinsen in €
100	4 080
1	$\frac{4080}{100}$
2	▦

: 100 und · 2 (links); : 100 und · 2 (rechts)

Kapital nach 2 Jahren:
4 080 € + ▦ € = ▦ €

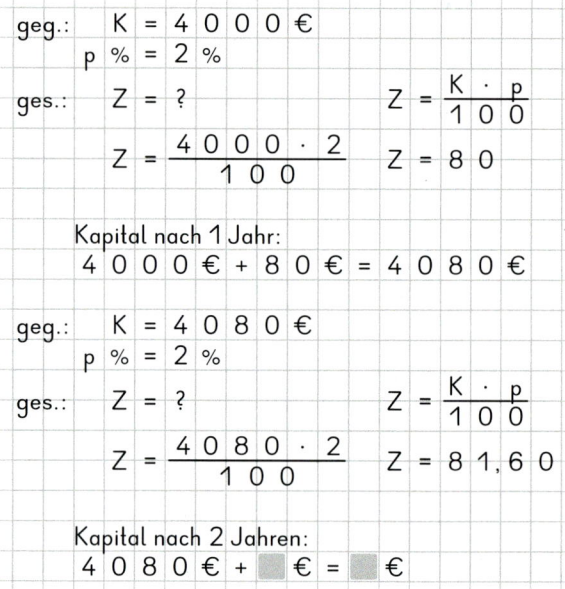

geg.: $K = 4\,000\,€$ $p\,\% = 2\,\%$

ges.: $Z = ?$ $Z = \frac{K \cdot p}{100}$

$Z = \frac{4\,000 \cdot 2}{100}$ $Z = 80$

Kapital nach 1 Jahr:
$4\,000\,€ + 80\,€ = 4\,080\,€$

geg.: $K = 4\,080\,€$ $p\,\% = 2\,\%$

ges.: $Z = ?$ $Z = \frac{K \cdot p}{100}$

$Z = \frac{4\,080 \cdot 2}{100}$ $Z = 81,60$

Kapital nach 2 Jahren:
$4\,080\,€ + $ ▦ $€ = $ ▦ ▦ $€$

a) Vergleiche beide Rechenwege miteinander. Worauf musst du achten? Wie viel Kapital hat Frau Chen nach zwei Jahren?

b) Vergleiche die Zinsen des ersten Jahres mit den Zinsen des zweiten Jahres. Was fällt dir auf? Erkläre.

c) Übertrage die Tabelle ins Heft und trage die Ergebnisse aus den Aufgaben a) und b) ein. Berechne danach, wie viel Kapital Frau Chen nach 3, 4, und 5 Jahren hat. Wähle deinen Rechenweg und ergänze anschließend die Tabelle.

Zeit nach …	1 Jahr	2 Jahren	3 Jahren	4 Jahren	5 Jahren
Anfangskapital	4 000 €	4 080 €	▦ €	▦ €	▦ €
Zinsen	80 €	▦ €	▦ €	▦ €	▦ €
Endkapital	4 080 €	▦ €	▦ €	▦ €	▦ €

2 Erkläre mit den berechneten Werten aus Aufgabe **1** den Begriff „Zinseszins".
Nutze auch die Informationen im Merkkasten auf Seite 143.

> Wird ein Kapital länger als ein Jahr verzinst angelegt, kommen die Jahreszinsen zum Anfangskapital dazu. Sie werden im nächsten Jahr mitverzinst.
> Die aus den Zinsen entstehenden Zinsen werden **Zinseszins** genannt.

3 Herr Maus hat 1000 € Kapital zu einem Zinssatz von 3 % p. a.* für 5 Jahre angelegt. Wie viel Geld hat er nach 5 Jahren auf seinem Konto, wenn er kein Geld mehr abhebt oder einzahlt?

Kann ich das nicht schneller rechnen?

$$\text{geg.: } K = 1000\ €$$
$$p\% = 3\%$$
$$\text{ges.: } K_{\text{ENDKAPITAL}} \text{ nach 5 Jahren}$$

Doch, du kannst mit dem Prozentfaktor rechnen. In der Zinsrechnung heißt er aber Zinsfaktor.

Ole rechnet mit dem Zinsfaktor.

Kapital + Zinsen = Kapital nach 1 Jahr
100 % + 3 % = 103 %
Zinsfaktor: 103 % entspricht **1,03**

Kapital nach 1 Jahr:
$$K_{\text{Endkapital}} = K_{\text{Anfangskapital}} \cdot \mathbf{1{,}03}$$
$$= 1000\ € \cdot \mathbf{1{,}03}$$
$$= 1030\ €$$

Kapital nach 2 Jahren:
$$K_{\text{Endkapital}} = 1030\ € \cdot \mathbf{1{,}03}$$
$$= \boxed{}$$

Kapital nach 3 Jahren:
$$K_{\text{Endkapital}} = \boxed{} \cdot \mathbf{1{,}03}$$
$$= \boxed{}$$

Kapital nach 4 Jahren:
…

Wie viel Kapital hat Herr Maus nach 5 Jahren?

4 Hat Paul recht? Erkläre.

Ich rechne einfach so:
$1000\ € \cdot 1{,}03 \cdot 1{,}03 \cdot 1{,}03 \cdot 1{,}03 \cdot 1{,}03$ oder $1000\ € \cdot 1{,}03^5$.

5 Berechne jeweils das Endkapital. Ermittle zuerst den Zinsfaktor. Rechne danach wie Paul.

	$K_{\text{Anfangskapital}}$	Zinssatz p %	Anzahl der Jahre	$K_{\text{Endkapital}}$
a)	5000 €	1,5 %	5	
b)	25000 €	2,6 %	8	
c)	18000 €	3,1 %	10	

6 Mimos Großeltern haben bei seiner Geburt 2003 einen Geldbetrag von 500 € zu einem Zinssatz von 4 % fest angelegt. Mit 18 Jahren darf Mimo über das Konto verfügen. Wie viel Geld hat er dann zur Verfügung?

7 Fermi-Aufgabe: Das Geldvermögen (Bargeld, Sparkonten, Aktien, Versicherungen) der Deutschen lag 2012 durchschnittlich bei 41954 €.

a) Wie lange müsstest du sparen, um ein Vermögen in dieser Höhe zu haben?

b) Was bedeutet der Hinweis „durchschnittlich"?

Sofortkauf und Ratenkauf: Was kostet mich das?

1 Die Waschmaschine von Herrn Rein ist defekt.
In der Zeitung entdeckt er zwei Ratenkaufangebote für die gleiche Waschmaschine.
Preis für die Waschmaschine: 495 € bei Sofortzahlung (abzüglich 3 % Skonto)

Angebot 1: 10 Monate Laufzeit und eine Rate von monatlich 50 €

Angebot 2: Ein Jahr Laufzeit bei einem Zinssatz von 0,8 % p. a.

a) Vermute, bei welchem Angebot Herr Rein weniger Zinsen bezahlt.

b) Berechne die Zinsen für Angebot 1 und Angebot 2.

c) Herr Rein kann von seiner Bank einen Kredit in Höhe von 500 € zu einem Zinssatz von 3,4 % für ein Jahr leihen. So könnte er die Wachmaschine in bar bezahlen. Lohnt sich ein Kredit bei der Bank? Berechne.

d) Diskutiert über die Risiken von Ratenkäufen.

2

a) Wie hoch sind die Zinsen pro Monat?

b) Wie hoch sind die Zinsen für die 10 Monate insgesamt?

c) Wie hoch ist die monatliche Rate?

d) Annas Einnahmen und Ausgaben pro Monat sehen wie folgt aus:

Kann sich Anna die Spiegelreflexkamera wirklich locker leisten?

Begründe mit einer Rechnung.

	Einnahmen	Ausgaben
Taschengeld	45 €	
Nebenjob im Café	60 €	
Trinkgeld in etwa	25 €	
Unterhalt Roller etwa		28 €
Freizeitaktivitäten		35 €
Handy-Vertrag		12,99 €
Rate für das Handy		9,90 €
Friseur (alle 3 Monate 42 €)		▢ €

e) Im Sommer ist das Café in dem Anna arbeitet, immer sehr gut besucht, im Winter weniger. Was würdest du Anna in Bezug auf die Kamera raten?

f) Wie hoch wäre dieser Zinssatz von 0,7 % pro Monat auf ein Jahr gerechnet?

g) Aus welchem Grund bieten Unternehmen einen Zinssatz pro Monat an?

Das kannst du schon – Aufgaben für Profis

1 Das Diagramm zeigt die Entwicklung eines Anfangskapitals vom 1 200 € bei einem festen Zinssatz über 25 Jahre.

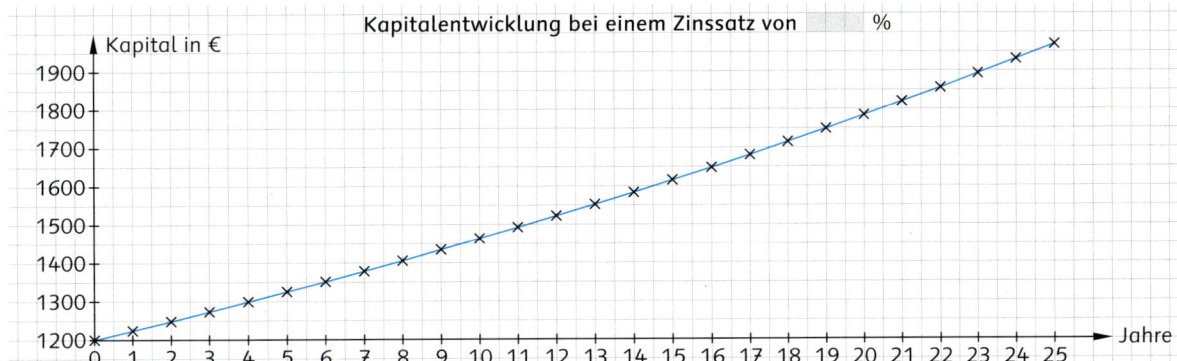

a) Lege ein Lineal an den Graphen an. Was fällt dir auf?

b) Nach welcher Zeit hat sich das Anfangskapital um 200 €, 400 € und 600 € erhöht? Lies aus dem Diagramm ab. Was fällt dir auf?

c) Wie hoch ist das Kapital etwa nach 5, 10, 15, 20 und 25 Jahren? Lies auf dem Diagramm ab. Was fällt dir auf?

d) Berechne den Zinssatz p %.

> Nach einem Jahr beträgt das Kapital 1 224 €.

Tipp: Wie ich den Zinssatz berechne, finde ich im Buch auf Seite 138.

e) Nach welcher Zeit hat sich das Kapital etwa verdoppelt? Schätze zuerst. Überprüfe danach deine Schätzung mit einer Rechnung.

2 Wer hat sein Kapital zu dem höchsten Zinssatz angelegt? Erkläre, wie du gerechnet hast.

	Name	$K_{Anfangskapital}$	Zinssatz p %	$K_{Endkapital}$ nach 1 Jahr
a)	Frau Otto	23 000 €		23 690 €
b)	Herr Jon	800 €		820 €
c)	Frau Ömer	6 500 €		6 760 €

3 Familie Fischer möchte eine neue Couch für 1 750 € kaufen. Bei Sparmarkt ist diese im Angebot und man erhält 10 % Rabatt. Die Familie hat jedoch nur noch 900 € auf ihrem Girokonto. Sie überzieht ihr Konto daher für 20 Tage und zahlt der Bank einen Überziehungszinssatz von 16,5 % pro Jahr.

a) Wie viel kostet das Sofa im Angebot?

b) Wie hoch sind die Überziehungszinsen? Runde sinnvoll.

c) Wie viel Geld hat die Familie in Wirklichkeit gespart?

d) Wie viel Prozent des Verkaufspreises hat die Familie nun insgesamt gespart?

Mein eigenes Konto

1 a) Informiert euch bei verschiedenen Banken über die Kontoarten sowie die aktuellen Zinssätze und die Kosten für diese Konten. Übertragt die Tabelle ins Heft und füllt sie aus.

Anbieter	Kontoart	Beschreibung	Guthabenzins	Dispozins	Kosten
▢	Girokonto	laufendes Konto	▢	▢	▢
▢	Sparkonto	Sparbuch	▢	▢	▢
▢	Tagesgeldkonto	▢	▢	▢	▢
▢	▢	▢	▢	▢	▢

b) Vergleicht in der Klasse für eine Kontoart die Zinsen und die Kosten. Diskutiert.

2 Die Schülerinnen und Schüler der Klasse 10 b haben folgende Konditionen ermittelt:

Anbieter	Kontoart	Guthabenzins	Dispozins	Kosten und Bedingungen
Bank X	Girokonto	0,5 %	15,35 %	Kontoführungsgebühr 4 € pro Monat bei keinem regelmäßigen Gehaltseingang von mindestens 1 200 €
	Sparkonto	0,85 %	–	Geldeingang von mindestens 25 € pro Monat, maximal 1 000 € pro Monat abheben
Bank Y	Girokonto	–	16,5 %	+ 0,10 € für jede Kartenzahlung mit PIN statt Guthabenzinsen
	Sparkonto	1,1 %	–	Zahlung von 1,5 % Zinsen auf den abgehobenen Betrag
Bank Z	Girokonto	0,75 %	16,9 %	Jede Überweisung kostet 50 ct.
	Sparkonto	0,95 %	–	Zahlung von 1 % Zinsen auf den abgehoben Betrag

a) Auf Merts Girokonto bei Bank Z sind 142,27 €. Er tätigt 7 Überweisungen von insgesamt 103,45 €. Wie viel Geld hat er am nächsten Tag auf seinem Konto?

b) Jasmin zahlt einmalig 800 € auf ihr Sparkonto bei Bank X ein. Sie hat das Konto am 1. 7. eröffnet. Welchen Betrag hat sie am 31. 12. auf dem Konto und wie viel Zinsen erhält sie dafür? Lohnt es sich, die Bank zu wechseln?

c) Kenan hat ein Sparkonto und zahlt nie einen Betrag ein. Am 1. 1. hat es ein Guthaben von 1 722,91 €. Am 31. 12. weist es ein Guthaben von 1 741,86 € aus. Bei welcher Bank hat Kenan sein Konto?

d) Herr Merten überzieht sein Konto für 8 Tage. Für diesen Zeitraum weist es einen Saldo* von −150 € aus. Wie viel Dispozinsen** muss er bei Bank X bezahlen?

e) Stellt euch gegenseitig weitere Fragen und löst diese.

Kopiervorlage zur Selbsteinschätzung beachten;
*Saldo – Kontostand; **Dispozinsen sind das Gleiche wie Überziehungszinsen.

3

		Sparbank Essen
Kontoauszug vom 03.10.2014 17:21 Uhr		Kontoinhaber: Lana Lux
Auszug Seite IBAN		Alter Saldo per 20.09.2014
27 1/1 DE45200956000013823277		EUR +118,57

Buchung	Vorgang	Umsatz in EUR
22.09.	Gutschrift	+20,00
22.09.	Trés-Chic-Laden	-73,99
24.09.	Supermarkt	-39,21
01.10.	Lohn 09/14 Hausmeister	+1282,29
01.10.	Kontogebühr	-2,50
02.10.	Miete 10/14	-385,50
02.10.	Bareinzahlung	+50,00
03.10.	Strom	-24,99
03.10.	Telefon/Internet	-34,00
	Neuer Saldo EUR	+911,17

Wie hoch ist der neue Kontostand?

a) Ermittle die Kenndaten des Kontos: Kontoinhaber, Name des Geldinstituts, IBAN Länderkennzeichen mit Prüfnummer.

b) Erstelle zum Kontoauszug eine Tabelle, in der die Einnahmen und die Ausgaben gegenübergestellt werden.

c) Wie hoch sind alle Einnahmen und wie hoch sind alle Ausgaben? Erkläre, wie du rechnen musst.

$$(-73,99)€ + (-39,21)€ = $$

d) Wie viel Geld hatte Frau Lux am letzten Tag im September auf dem Konto?

e) Stellt weitere Fragen zum Kontoauszug. Tauscht eure Fragen

4 Die Kontoauszüge von Herrn Merten und Frau Schön sind teilweise nicht lesbar. Kannst du ihnen helfen? Rechne im Heft.

Kontoauszug	Auszug 24 Blatt 1	Bankfiliale Dortmund
Letzter Auszug vom 27.11.2014	Datum 01.12.2014	
IBAN: DE42500300600876355738	BIC: PFNKGHI	Neuer Kontostand vom 01.12.2014

Buchung	Vorgang/Buchungsinformation		Umsatz in EUR
29.11.	Bio-Markt		27,30-
30.11.	Möbelladen		✗✗✗
01.12.	Lohn 11/14 Rettungsassistent		1103,70+
01.12.	Miete 12/14		318,15-
		Alter Kontostand	38,14+
Ingo Merten		Zahlungseingänge	1103,70+
Bahnhofstraße 8		Zahlungsausgänge	✗✗✗
44137 Dortmund		Neuer Kontostand	721,99+

Wie viel habe ich im Möbelladen ausgegeben?

		Sparfit-Bank
Kontoauszug vom 23.01.2014 14:03 Uhr		Kontoinhaber: Ina Schön
Auszug Seite IBAN		Alter Saldo per 13.01.2014
8 1/1 DE21850959006049123412		EUR +401,03

Buchung	Vorgang	Soll	Haben
15.01.	Strom	-18,00	
15.01.	Haftpflichtversicherung	-28,46	
18.01.	Baumarkt	-42,57	
20.01.	Geldautomat	-50,00	
23.01.	Blumenladen	✗✗✗	
	Neuer Saldo EUR		+245,50

Wie viel habe ich im Blumenladen ausgegeben?

Verschiedene Kredite und Geldanlagen

1 Informiert euch bei verschiedenen Banken über die unterschiedlichen Kreditarten und über deren Vor- und Nachteile. Übertrage die Tabelle quer in dein Heft und fülle aus.

Kreditart	Beschreibung	Vorteile	Nachteile
Dispositionskredit (kurz: Dispokredit)	zur Überziehung des Gehaltskontos	kurzfristig Geld leihen	hoher Zinssatz
Ratenkredit	▢	▢	▢
Baufinanzierungsdarlehen	▢	▢	▢
▢	▢	▢	▢

a) Vergleicht in der Klasse jeweils eine Kreditart miteinander. Was fällt euch auf?

b) Vergleicht die Zinssätze für Kredite mit den Zinssätzen für Geldanlagen. Wie verdienen die Banken ihr Geld? Diskutiert.

c) Warum dürfen Kredite nur an volljährige Personen vergeben werden?

2 Familie Kunze möchte sich ein Auto für 17 000 € kaufen. Sie hat bereits 9 500 € angespart. Ihre Hausbank bietet ihr einen Kredit zu einem jährlichen Zinssatz von 5,2 % bei einer Laufzeit von 5 Jahren an. Die Nachbarbank bietet einen Kredit zu einem jährlichen Zinssatz von 5,6 % bei einer Laufzeit von 4 Jahren an. Familie Kunze möchte jährlich die gleiche Summe zurückzahlen und die jeweils angefallenen Zinsen bezahlen.

a) In welcher Höhe muss der Kredit aufgenommen werden?

b) Übertrage die Tabelle ins Heft und ergänze. Berechne danach die Summe der Zinsen bei der Hausbank und die gesamte Überweisungssumme während der fünf Jahre.

> Jedes Jahr sind es 1 500 weniger.

> Bei jährlich gleicher Tilgung: 7 500 € : 5 Jahre = 1 500 €

> Dieser Betrag wird jährlich an die Bank gezahlt.

Jahr	Kreditbetrag	Zinssatz p.a.	Zinsen pro Jahr	jährliche Tilgung*	Überweisungsbetrag
1.	7 500 €	5,2 %	390 €	1 500 €	1 890 €
2.	6 000 €	5,2 %	312 €	1 500 €	▢
3.	4 500 €	▢	▢	▢	▢
4.	▢	▢	▢	▢	▢
5.	▢	▢	▢	▢	▢

c) Berechne wie in Aufgabe b) die Summe der Zinsen und die gesamte Überweisungssumme für den Kredit bei der Nachbarbank.

d) Für welchen Kredit sollte sich Familie Kunze entscheiden? Von welchen Kriterien hängt diese Entscheidung ab?

*Tilgung – die regelmäßige Rückzahlung von Schulden ohne Zinsen

3 Um sich ein neues Fahrrad leisten zu können, nimmt Mert ein Darlehen in Höhe von 300 € auf. Er möchte monatlich 25 € tilgen. Mit der Bank vereinbart er feste monatliche Zinsen in Höhe von 1,50 €, bis der Kredit abbezahlt ist.

a) Wann hat Mert seinen Kredit abbezahlt?

b) Wie viele Zinsen zahlt Mert insgesamt? Wie hoch wäre der jährliche Zinssatz?

4 Für ihre Traumhochzeit haben Frau Svenson und Herr Müller 4 300 € gespart. Sie laden 80 Gäste ein. Sie rechnen damit, dass ihnen jeder Gast 40 € schenken wird.

Brautkleid, Brautschuhe	1 450 €
Anzug, Krawatte, Schuhe	680 €
Festsaal	1 500 €
DJ	900 €
Essen und Getränke pro Gast	65 €
Blumengestecke	250 €
Hochzeitstorte	250 €

a) Wie hoch ist der Kredit, den das Brautpaar aufnehmen muss?

b) In einem Jahr möchten sie den Kredit plus 6,5 % Zinsen zurückgezahlt haben. Welcher Betrag ist das?

c) Wie viel muss das Brautpaar monatlich ungefähr zurücklegen, um den Betrag nach einem Jahr zurückzahlen zu können?

d) Die Brauteltern schenken dem Paar zusätzlich 500 €. Wie hoch ist nun der Betrag, der nach einem Jahr an die Bank zurückgezahlt werden muss, und wie viel Geld sollte das Paar nun monatlich zurücklegen?

5

a) Was bedeuten die Begriffe verschuldet, überschuldet und Schuldenfalle? Informiert euch.

b) Gemeinsam verdienen Frau Svenson und Herr Müller im Monat 1 950 € netto.
Wie viel Geld haben sie pro Monat für ihre Hobbys, für Freizeitaktivitäten und für unvorhergesehene Ausgaben (z. B. Reparaturen) übrig?

c) Was würdet ihr dem jungen Paar in Bezug auf die geplante Hochzeit raten? Begründet euren Rat mit den Ergebnissen aus den Aufgaben **4** und **5** b).

Kosten pro Monat:
Miete: 740 €, Nebenkosten: 85 €
Rate fürs Auto: 220 €
Benzin: ca. 75 €
Lebensmittel: 200 €
Steuern und Versichungen: 50 €
(umgerechnet pro Monat)
Kleidung + Schuhe: 70 €
Friseur: 30 €
Fitnessstudio: 80 €
Smartphone: 100 €
Telefonrechnung + Internet: 60 €

6 Mia hat mit ihrer Ausbildung begonnen und überlegt sich etwas Geld zu sparen.
Sie möchte einen Betrag von 450 € fest für 3 Jahre anlegen.

Bei meinem Sparkonto bekomme ich einen Zinssatz von 1 % im ersten Jahr, 1,2 % im zweiten Jahr und 1,3 % ab dem dritten Jahr.

Ich habe ein Sparbuch und bekomme einen Zinssatz von 0,85 % p. a. Wenn ich ein Jahr lang nichts abhebe, erhöht sich der Zinssatz um 0,5 %.

a) Übertrage die Tabelle in dein Heft und fülle sie für drei Jahre aus.
Wie hoch ist das Kapital nach 3 Jahren?

Sparkonto	Anfangskapital	Zinssatz	Zinsen	Endkapital am Ende des Jahres
1. Jahr	450,00 €	1 %	4,50 €	454,50 €
2. Jahr	454,50 €	▩	▩	▩
3. Jahr	▩	▩	▩	▩

b) Erstelle für das Sparbuch eine Tabelle wie in Aufgabe a) und fülle sie aus.
Wie hoch ist das Kapital nach 3 Jahren?

Tipp: Denke daran, der Zinseszins muss berücksichtigt werden.

c) Für welches Konto sollte sich Mia entscheiden?
Begründe mit deinen Ergebnissen aus den Aufgaben a) und b).

d) Anschließend möchte Mia ihr Endkapital und zusätzlich 450 €
für 2 weitere Jahre anlegen.
Für welche Geldanlage sollte sich Mia entscheiden?

Musst du, um diese Frage zu beantworten, das 4. und 5. Jahr berechnen?

7 Mert erhält von seinem Arbeitgeber in der Ausbildung vermögenswirksame Leistungen
in Höhe von monatlich 20 €, die direkt auf seinen Bausparvertrag überwiesen werden.
Zusätzlich zahlt Mert monatlich 20 € aus eigener Tasche ein. Für den Bausparvertrag
erhält er auf den eingezahlten Betrag vierteljährlich einen Zinssatz von 1,75 %.

a) Wie viel Geld hat Mert nach 1 Jahr (2 Jahren, 3 Jahren) gespart?
Übertrage die Tabelle in dein Heft und berechne.

Bausparvertrag	Anfangskapital	Zinsen	Endkapital am Ende des Vierteljahres
1. Vierteljahr	3 · ▩ € = 120 €	2,10 €	122,10 €
2. Vierteljahr	122,10 € + ▩ € = ▩ €	▩	▩
▩	▩	▩	▩
▩	▩	▩	▩

b) Nach seiner dreijährigen Ausbildung wird Mert übernommen. Er erhält von seinem
Arbeitgeber weiterhin monatlich 20 € vermögenswirksame Leistungen. Zusätzlich
zahlt Mert monatlich 50 € ein.
Wie viel Geld hat er nach insgesamt 5 Jahren gespart?

8

18.01.	Baumarkt		-42,57
25.02.	Bareinzahlung	+50,00	
29.02.	Supermarkt		-12,55
	Neuer Saldo EUR		-950,00

> Der Zinssatz für eine Kontoüberziehung liegt bei 14,5 % pro Jahr.

a) Wie hoch sind die Dispozinsen, wenn das Konto 14 Tage lang mit einem Betrag von 950 € überzogen ist?

b) Wie hoch sind die Dispozinsen, wenn das Konto ein Jahr lang mit diesem Betrag überzogen wird?

c) Herr Li entdeckt ein Kreditangebot: bis 1 000 € zu einem Zinssatz von 5 % p. a. Wie hoch sind die Zinsen für 950 € nach einem Jahr?

d) Lohnt es sich für Herrn Li, einen Kredit aufzunehmen, um sein Konto auszugleichen, wenn es 6 Monate lang überzogen wäre? Begründe.

e) Wie kann man vermeiden, sein Konto zu überziehen? Diskutiert.

9

> Ich lege monatlich ein bisschen Geld zurück.

> Ich schaffe es nicht zu sparen, mein Konto ist ständig überzogen …

a) Mia zahlt monatlich 50 € auf ein Sparkonto ein und erhält dafür monatlich einen Zinssatz von 0,3 %. Wie viel hat sie nach 6 Monaten gespart?

b) Romans Konto ist 6 Monate lang mit 300 € überzogen. Berechne die Höhe der Dispozinsen, die Roman hierfür bezahlen müsste, wenn der Zinssatz bei 16,5 % p. a. liegt.

c) Vergleiche die Zinsbeträge miteinander. Was fällt dir auf? Diskutiert.

10

> Altersvorsorge wird vom Staat belohnt. Berufseinsteiger erhalten sogar einmalig einen Bonus in Höhe von 200 €.

Dem Azubi Roman wird bei seiner Bank empfohlen, einen Riester-Vertrag zur Altersvorsorge abzuschließen, damit er im Alter eine zusätzliche Rente erhält.
Von seinem Jahres-Bruttogehalt in Höhe von 8 000 € muss er jährlich 4 % auf das Riester-Konto einzahlen. Dieser Betrag reduziert sich für ihn um 154 €, die ihm der Staat jährlich an Zulagen zahlt.

a) Wie viel muss Roman jährlich auf das Riester-Konto einzahlen?

b) Wie viel muss Roman monatlich einzahlen? Runde sinnvoll.

c) Wie viel hat Roman nach einem Jahr auf seinem Konto?

Wahrscheinlichkeiten berechnen

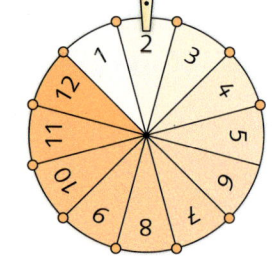

1 Notiere jeweils deinen Lösungsweg.
Wie groß ist die Wahrscheinlichkeit, mit dem Glücksrad …

a) eine 12 zu drehen?

b) eine 0 zu drehen?

c) eine 1 oder eine 12 zu drehen?

d) eine gerade Zahl zu drehen?

e) eine durch 4 teilbare Zahl zu drehen?

f) Für die Aufgaben a), c) und d) wurden
folgende Lösungen notiert.
Finde den Fehler und erkläre die Ursache.

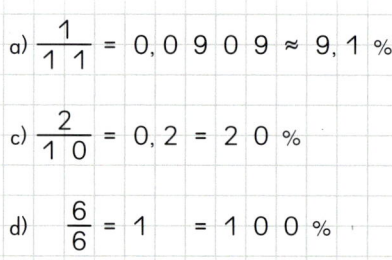

a) $\dfrac{1}{11} = 0{,}0909 \approx 9{,}1\,\%$

c) $\dfrac{2}{10} = 0{,}2 = 20\,\%$

d) $\dfrac{6}{6} = 1 = 100\,\%$

> Wenn bei einem Zufallsexperiment **alle möglichen Ergebnisse dieselbe Chance***
> haben, kann die Wahrscheinlichkeit für ein bestimmtes Ergebnis berechnet werden.
>
> Wahrscheinlichkeit eines Ergebnisses $= \dfrac{\text{Anzahl der gewünschten Ergebnisse}}{\text{Anzahl der möglichen Ergebnisse}}$

2 Wie groß ist die Wahrscheinlichkeit der folgenden Ergebnisse?

a) Von zwei langen und einem kurzen
Strohhalm wird der kurze gezogen.

b) Von 50 Losen sind 49 Lose Nieten.
Du ziehst den Gewinn.

c) Bei einem zwölfseitigen Würfel
fallen die Zahlen 1 bis 12.

d) Beim Münzwurf kommt „Zahl".

e) Von 250 Losen mit 25 Gewinnen darfst du als Fünfzigster ein Los ziehen.

3 Bei vielen Spielen ist es üblich, dass vor Spielbeginn zufällig festgelegt wird, wer
beginnen darf. Ist die jeweils vorgestellte Methode fair? Begründe oder berechne
die Wahrscheinlichkeit.

a) Jeder würfelt mit einem Würfel. Wer die höchste Zahl hat, beginnt.

b) Jeder zieht nacheinander aus einem Skatspiel mit 32 Karten eine Karte.
Der Spieler mit der höchsten Karte beginnt.

c) Der Jüngste beginnt.

d) Formuliere ein eigenes Beispiel.

4 Nenne jeweils drei Zufallsversuche und deren Ergebnisse.

a) Die Wahrscheinlichkeit zu gewinnen liegt bei 50 %.

b) Die Wahrscheinlichkeit zu verlieren liegt bei $\frac{1}{3}$.

Kopiervorlage zur Selbsteinschätzung beachten;
*Zufallsexperimente, bei denen alle Ergebnisse gleich wahrscheinlich sind, werden Laplace-Experimente genannt.

5 Roulette ist ein Glücksspiel, das in Spielbanken und im Internet angeboten wird.

a) Wie hoch ist die Wahrscheinlichkeit, …

   A eine 5 zu drehen?
   B Schwarz zu drehen?
   C eine der Nummern 1 bis 12 zu drehen?

b) Benenne Gemeinsamkeiten und Unterschiede zwischen einem Roulettekessel und einem Glücksrad.

c) Dieses Glücksspiel wird Kindern und Jugendlichen im Internet kostenlos angeboten.
Findet verschiedene Gründe dafür.

> Wenn um Geld gespielt wird, sind Glücksspiele erst ab 18 Jahren erlaubt.

6 Viele Onlineanbieter von Roulettespielen behaupten, dieses Glücksspiel sei das fairste legale Glücksspiel, da es eine Gewinnausschüttung von über 97 % hat. Denn nur, wenn die 0 gedreht wird, gewinnt die Bank.

• Was hat das Ergebnis 0 mit dieser Behauptung zu tun?
• Wie hoch ist die Wahrscheinlichkeit, wenn man auf Rot gesetzt hat, zu verlieren?
• Begründe, warum die Aussage der Onlineanbieter bezweifelt werden muss.

7 Bei einer Rätsel-App sind pro Frage vier Antworten vorgegeben. Nur eine Antwort ist richtig. Wenn man die richtige Antwort nicht weiß, kann man raten.

a) Wie hoch ist die Wahrscheinlichkeit, dass man die richtige Antwort errät?

b) Wie hoch ist die Wahrscheinlichkeit, dass man zweimal hintereinander richtig rät?

> Die Wahrscheinlichkeit beträgt 50 %.

Welche Farbe hat der Schimmel von Camembert?
Antwort 1 **gelb**
Antwort 2 **blau**
Antwort 3 **weiß**
Antwort 4 **rot**

Wie kommt Ole auf das Ergebnis? Hat Ole recht? Begründe.

c) Betrachte das Baumdiagramm und versuche mit dessen Hilfe die Wahrscheinlichkeit in Aufgabe b) zu berechnen.

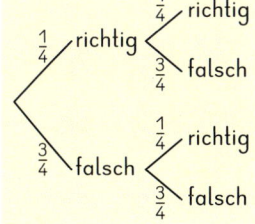

Prüfe dich

8 Ich denke mir eine Zahl z. Ich multipliziere diese Zahl mit 8 und addiere 7.
Als Ergebnis erhalte ich 31. Wie heißt die Zahl?

Wahrscheinlichkeiten ermitteln

1 Noah kauft für viel Geld einen „gezinkten" Würfel. Dieser Würfel soll besonders viele Sechsen würfeln. Noah möchte das überprüfen und führt eine Versuchsreihe mit 600 Würfen durch.

a) Erkläre die Tabelle.

b) Übertrage die Tabelle ins Heft und ergänze. Beschreibe, wie die relative Häufigkeit berechnet wird.

Augenzahl	6	nicht 6
absolute Häufigkeit	420	180
relative Häufigkeit		

c) Bestimme die relative Häufigkeit, mit einem ungezinkten Spielwürfel eine 6 zu würfeln. Vergleiche mit deinen Ergebnissen aus Aufgabe b). Erkläre.

d) Noah hat Aufgabe b) so gerechnet:
Beschreibe, welchen Fehler Noah gemacht hat.

$$420 : 600 = 0,7 \% \qquad 180 : 600 = 0,3 \%$$

Wurden genügend Zufallsexperimente durchgeführt, ist die ermittelte relative Häufigkeit ein geeigneter Wert für die Wahrscheinlichkeit.
Dies bezeichnet man als das **Gesetz der großen Zahl**.
Beispiel: Ein Kronkorken wurde 500-mal geworfen, davon 300-mal „Krone".
$\frac{300}{500} = 0,6 = 60\%$.
Die Wahrscheinlichkeit, „Krone" zu werfen, beträgt ungefähr 60 %.

---

2 Im Supermarkt wurden bei einer Stichprobe 20 Paprika auf Mängel untersucht. Von den untersuchten Paprika hatten 5 % Mängel.

a) Wie viele Paprika hatten Mängel? Berechne die absolute Häufigkeit.

b) Insgesamt wurden 350 Paprika geliefert. Wie viele beschädigte Paprika sind zu erwarten? Berechne die absolute Häufigkeit. Diskutiert das Ergebnis.

3 Bei einem Pokerturnier wurden mehrere Runden gespielt. Unter den letzten Spielern einer Runde gibt es immer einen Zweikampf.

a) Wie viele Runden wurden insgesamt gespielt?

b) Welcher Spieler ist im Zweikampf am erfolgreichsten? Begründe. Übertrage die Tabelle ins Heft und berechne die Gewinnquoten.

c) Den nächsten Zweikampf bestreiten Fabi und Stefan. Wer gewinnt? Begründe.

Name	Anzahl Zweikämpfe	Anzahl Gewinne	relative Häufigkeit (Gewinnquote)
Ole	6	2	
Dennis	7	2	
Ulf	6	3	
Fabi	6	6	
Basti	5	4	
Ingmar	4	0	
Florian	4	2	
Markus	3	2	
Stefan	1	0	

4 In der Klasse 10 b wurde das „Schere-Stein-Papier"-Spiel gespielt.
Es gelten folgende Regeln:

Stein gewinnt gegen Schere.   Schere schneidet Papier.   Papier wickelt Stein ein.

Lisa, Lena, Ole und Kenan haben jeweils
20 Runden gegen Mitschüler gespielt.
Anschließend vergleichen sie ihre
Gewinnquoten.

Name	Anzahl Gewinne	relative Häufigkeit
Lisa		35 %
Lena		30 %
Ole		20 %
Kenan		15 %

a) Übertrage die Häufigkeitstabelle
in dein Heft.

b) Stimmen die Aussagen?

Berechne jeweils die
Anzahl der Gewinne
und ergänze die Tabelle.

Lisa spielt viel
besser als Lena.

Ole spielt viel
besser als Kenan.

c) Kenan meint, dass die Wahrscheinlichkeit zu gewinnen $\frac{1}{3}$ beträgt.
Was meinst du dazu?

d) Spielt eine aussagekräftige Runde „Schere-Stein-Papier" gegen euren Partner.
Fertigt eine Häufigkeitstabelle an und berechnet die relative Häufigkeit.

e) Wie viele Runden müsste man ungefähr spielen,
damit die Ergebnisse aussagekräftig sind? Begründe.

5 Das alte Kinderspiel „Knöpfchen werfen" spielen

Du musst zuerst gegen
die Wand werfen und dann
das Schälchen treffen.

a) Jeder von euch hat 10 Versuche.
Notiert für jeden die Anzahl der Treffer.

b) Berechnet für jeden die Trefferquote.

c) Berechnet die Trefferquote für die Klasse.

Name	Anzahl Würfe	Anzahl Treffer	relative Häufigkeit
Ole	10	3	

d) Verändert die Spielbedingungen, indem ihr das Schälchen näher zur Wand oder
weiter entfernt aufstellt. Wie ändert sich die Trefferquote? Stellt Vermutungen an.
Spielt in zwei Gruppen.

e) Überprüft eure Vermutungen, indem ihr die Trefferquote für jeden Mitspieler und
für die Klasse berechnet.

Ernährungspyramide und Ernährungskreis

1 Die Deutsche Gesellschaft für Ernährung (DGE) empfahl eine Ernährung wie in der Ernährungspyramide dargestellt. Zu Beginn des 21. Jahrhunderts wuchs jedoch die Kritik an einer kohlenhydratreichen Ernährung. Die DGE stellte daher 2005 einen Ernährungskreis vor.

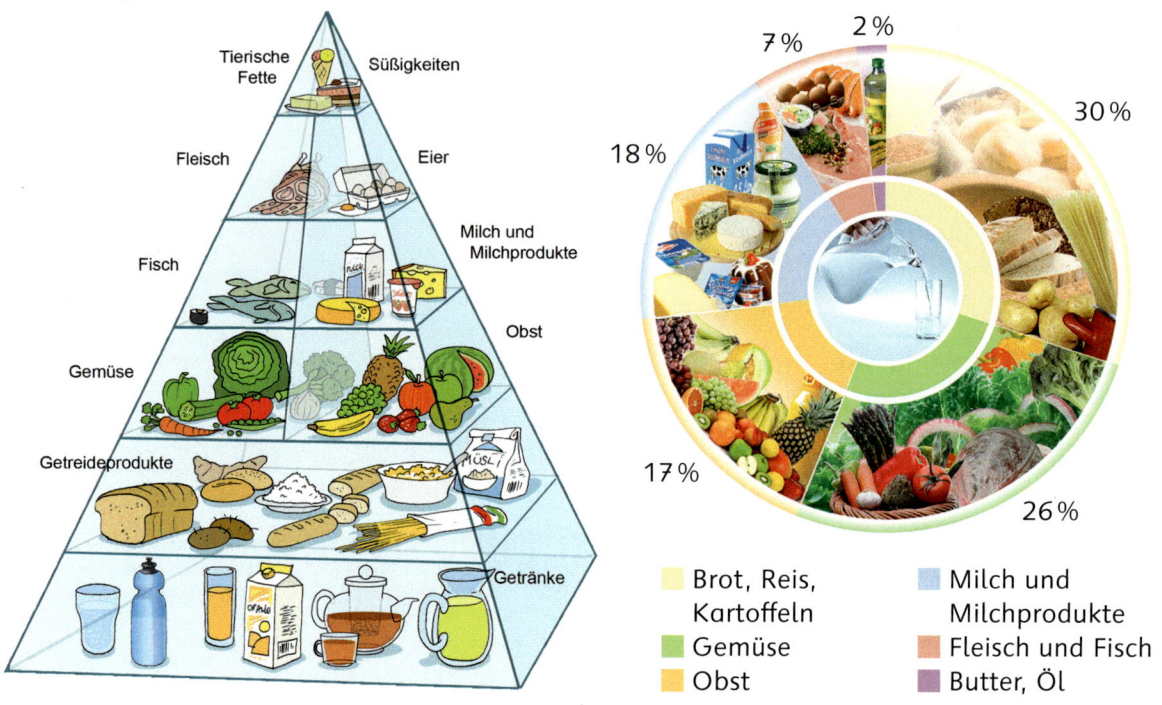

- Brot, Reis, Kartoffeln
- Gemüse
- Obst
- Milch und Milchprodukte
- Fleisch und Fisch
- Butter, Öl

a) Beschreibt die Ernährungspyramide und den Ernährungskreis.

b) Worin besteht der größte Unterschied zwischen den in den Diagrammen dargestellten Ernährungsempfehlungen?

c) Ben schreibt ein Ernährungstagebuch, um einen besseren Überblick über sein Essverhalten zu haben. Berechne jeweils den prozentualen Anteil der aufgenommenen Nahrungsmittel. Runde auf ganze Zahlen. Vergleiche mit den Prozentwerten im Ernährungskreis. Wie könnte Ben sich noch ausgewogener ernähren?

> Über den Tag verteilt:
> 200 g Obst
> 300 g Gemüse
> 250 g Nudeln
> 2 Brötchen von je 80 g
> 350 g Milchprodukte
> 120 g Fleisch

d) Schreibe für einen Tag ein eigenes Ernährungstagebuch. Berechne die prozentuale Verteilung von Kohlenhydraten, Gemüse und Obst, Milchprodukten sowie Fleisch. Vergleiche diese mit den Angaben im Ernährungskreis. Was fällt dir auf?

e) Hinsichtlich welcher Empfehlungen ernährst du dich bereits richtig? Was könntest du noch verbessern, um dich ausgewogener zu ernähren?

f) Verfasst zu zweit einen Eintrag ins Ernährungstagebuch nach der aktuellen DGE-Empfehlung. Was sollte man über den Tag verteilt essen?

2 Drei Personen haben dargestellt, welcher Anteil ihrer Ernährung aus Obst/Gemüse , Kohlenhydraten , Milchprodukten , Fetten und Fleisch besteht. Welche Person ernährt sich sehr ausgewogen? Welche nicht? Begründe mit dem Ernährungskreis.

A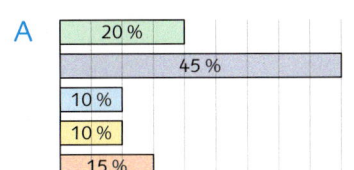

B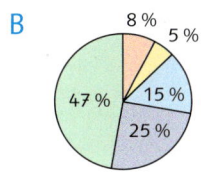

C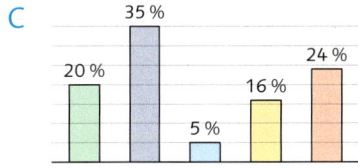

3 Wir benötigen ausreichend Flüssigkeit in Form von Getränken. Diese enthalten teilweise viel Zucker. 1 Stück Würfelzucker wiegt 3 g.

     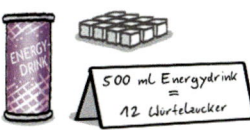

a) Stelle den Zuckergehalt der Getränke in einem Säulendiagramm dar.

b) Informiert euch über den Zuckergehalt weiterer Getränke. Stellt den Zuckergehalt der Getränke in einem Balkendiagramm dar.

Tipp: Achte auf die verschiedenen Mengenangaben.

4 Pro Tag sollte ein Mensch mindestens 30 ml Flüssigkeit pro kg Körpergewicht trinken. Ina wiegt 65 kg und hat eine Woche lang aufgeschrieben, wie viel sie getrunken hat.

Montag	Dienstag	Mittwoch	Donnerstag	Freitag	Samstag	Sonntag
2000 ml	1850 ml	2200 ml	2100 ml	1900 ml	2000 ml	2150 ml

a) Wie viel Liter Flüssigkeit sollte Ina pro Tag trinken?

b) Stelle die Tabelle in einem passenden Diagramm dar. Du kannst hierfür ein Tabellenkalkulationsprogramm nutzen. An wie vielen Tagen hat Ina genügend Flüssigkeit zu sich genommen?

c) Berechne deine Flüssigkeitszufuhr pro Tag. Erstelle eine Tabelle mit den Mengen, die du pro Tag getrunken hast. Erstelle hierzu ein Diagramm. An wie vielen Tagen hast du ausreichend getrunken?

5 Informiere dich über den Vitamin-C-Gehalt von je 100 g Zitronen, Paprika, Bananen und Brokkoli. Stelle den Vitamin-C-Gehalt in einem geeigneten Diagramm dar.

a) Stelle deinem Partner Fragen zum Diagramm, die er beantworten soll.

b) Wählt zwei andere Vitamine und je vier verschiedene Obst- und Gemüsesorten aus. Recherchiert den Vitamingehalt pro 100 g. Jeder soll danach ein passendes Diagramm zeichnen und seinem Partner hierzu Fragen stellen.

Energiezufuhr und BMI

1 Jeder Mensch benötigt täglich eine bestimmte Menge an Energiezufuhr, um zu Leben. Die Energie führen wir in Form von Getränken und Lebensmitteln zu uns. Die Tabelle zeigt, welche durchschnittliche Energiezufuhr (kcal) von der DGE empfohlen wird.

Alter	kcal pro Tag	
	männlich	weiblich
15 – unter 19 Jahre	2500	2000
19 – unter 25 Jahre	2500	1900
25 – unter 51 Jahre	2400	1900
51 – unter 65 Jahre	2200	1800
65 und älter	2000	1600

Heute wird auch die Einheit Kilojoule (kJ) verwendet.
1 Kilokalorie (kcal) ≈ 4,2 Kilojoule (kJ)

Lies aus der Tabelle den Energiebedarf für dich und deine Familie ab.

2 Max (20 Jahre) und Inge (56 Jahre) haben an einem Tag ein Ernährungstagebuch geführt.

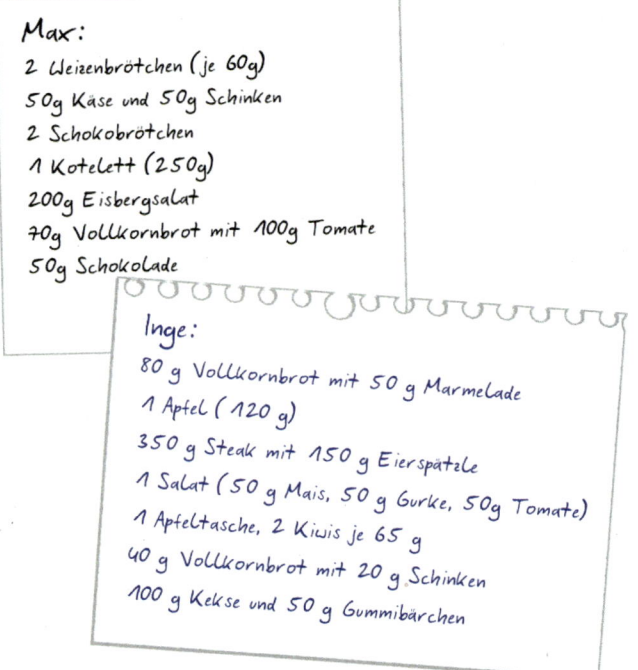

Max:
2 Weizenbrötchen (je 60g)
50g Käse und 50g Schinken
2 Schokobrötchen
1 Kotelett (250g)
200g Eisbergsalat
70g Vollkornbrot mit 100g Tomate
50g Schokolade

Inge:
80 g Vollkornbrot mit 50 g Marmelade
1 Apfel (120 g)
350 g Steak mit 150 g Eierspätzle
1 Salat (50 g Mais, 50 g Gurke, 50g Tomate)
1 Apfeltasche, 2 Kiwis je 65 g
40 g Vollkornbrot mit 20 g Schinken
100 g Kekse und 50 g Gummibärchen

Nährwerttabelle		
Lebensmittel	Menge	kcal
Weizenbrötchen	60 g	159
Vollkornbrot	150 g	346
Käse	200 g	730
Schinken	50 g	67
Marmelade	100 g	282
Apfeltasche	1 Stück	280
Kekse	100 g	464
Schokobrötchen	1 Stück	187
Gummibärchen	100 g	328
Schokolade	100 g	536
Nudeln	100 g	356
Eierspätzle	200 g	318
Steak (Rind)	250 g	365
Kotelett (Schwein)	200 g	378
Putenpfanne	350 g	284
Kartoffel	50 g	35
Apfel	100 g	52
Banane	100 g	89
Kiwi	50 g	30
Mais	150 g	129
Eisbergsalat	100 g	13
Gurke	150 g	20
Tomate	200 g	44

a) Berechne jeweils die Energiezufuhr für den Tag.

b) Vergleiche die beiden Ergebnisse aus Aufgabe a) mit der empfohlenen Energiezufuhr für beide Personen.

c) Was wäre für dich eine passende Ernährung für einen Tag? Schreibe es auf und vergleiche mit einem Partner. Worin unterscheiden sich eure Ernährungspläne?

Hinweise in den Handreichungen beachten

3 Wenn jemand sportlich aktiv ist, verbrennt sein Körper mehr Kalorien.
Deshalb können sportlich aktive Menschen mehr essen und trinken, ohne zuzunehmen.
Die Tabelle zeigt den durchschnittlichen Kalorienverbrauch pro Stunde.

a) Berechne für Mira (16 Jahre) und den Fußballer Jonah (22 Jahre) die empfohlene Energiezufuhr für die Tage, an denen sie Sport treiben.

Sportart	Kalorienverbrauch pro Stunde
Schwimmen	560 kcal
Rad fahren	431 kcal
Joggen	474 kcal
Aerobic	381 kcal
Fußball	474 kcal
Gymnastik	290 kcal
Tanzen	360 kcal

Ich jogge montags und freitags je eine halbe Stunde.

Ich trainiere zweimal die Woche 60 Minuten und am Wochenende habe ich ein Spiel über 90 Minuten.

b) Treibst du Sport? Informiere dich über den Energieverbrauch bei deiner Sportart.

4 Etwa 67 % der Männer und 53 % der Frauen haben Übergewicht. Davon sind 23 % der Männer und 24 % der Frauen stark übergewichtig. Mit Hilfe des Body-Mass-Index (BMI) kannst du berechnen, ob du Untergewicht, Normalgewicht oder Übergewicht hast.

$$BMI = \frac{\text{Körpergewicht in kg}}{(\text{Körperlänge in m})^2}$$

BMI unter 18,5: Untergewicht
BMI 18,5 bis 25: Normalgewicht
BMI über 25: Übergewicht
BMI über 30: starkes Übergewicht

a) Dana wiegt 58 kg und ist 1,63 m groß. Noah ist 1,74 m groß und wiegt 79 kg. Berechne jeweils den BMI. Sind beide normalgewichtig?

b) Berechne deinen eigenen BMI.

c)

Laut BMI seid ihr beide …

BMI 28   BMI 22   BMI 28

Was fällt dir auf? Formuliere eine Kritik zum BMI als Maß für Übergewicht und Untergewicht.

5 a) Bei den Lebenshaltungskosten nehmen die Lebensmittel einen großen Anteil ein. Ein Auszubildender zahlt durchschnittlich 165 € im Monat für Lebensmittel und Getränke. Wie viel ist das pro Tag, pro Woche?

b) Überschlage die Preise für Lebensmittel und Getränke, die du in einer Woche zu dir nimmst. Rechne dies auf vier Wochen hoch. Kommst du mit 165 € pro Monat aus?

c) Ein Kantinenessen kostet 2,60 €. Wie viel Geld wird für das Kantinenessen in vier Wochen ausgegeben? Wie viel Geld bleibt dann noch pro Monat übrig?

Mathe mit Methode: Ein Präsentationsprogramm nutzen

Um eine Präsentation anschaulich zu gestalten, kannst du ein Präsentationsprogramm nutzen. Dabei werden die Inhalte deiner Präsentation auf einzelne leicht zu gestaltende Seiten, die auch Folien genannt werden, geschrieben.

1 So erstellst du eine Präsentation zum Thema „Ernährung" mit einem Präsentationsprogramm. Deine Präsentation soll folgende Folien enthalten:

Titelfolie: Thema deiner Präsentation – „Ernährung", gegliedert in die Untertitel – „ungesunde Ernährung" und „gesunde Ernährung"

2. Folie: Überschrift „ungesunde Ernährung" mit verschiedenen Beispielen

3. Folie: Überschrift „gesunde Ernährung" mit verschiedenen Beispielen

1. Wenn du das Programm öffnest, siehst du die erste Folie. Klicke unter „Start" auf die Taste „Neue Folie" 📄. Was passiert? Beschreibe. Erstelle nun noch eine dritte Folie.

2. Trage auf der ersten Folie die Überschriften ein. Klicke die zweite und dritte Folie an und ergänze die Überschriften.

3. Klicke unter „Start" auf „Folienlayout" 📄. Durch Anklicken der Felder kannst du das Layout verändern. Probiere aus und wähle für die zweite und dritte Folie ein passendes Layout.

4. Beschreibe in Stichpunkten in dem Textfeld unter der zweiten Folie, was eine ungesunde Ernährung ausmacht. Ergänze ebenso die dritte Folie. Informiere dich auf Seite 156.

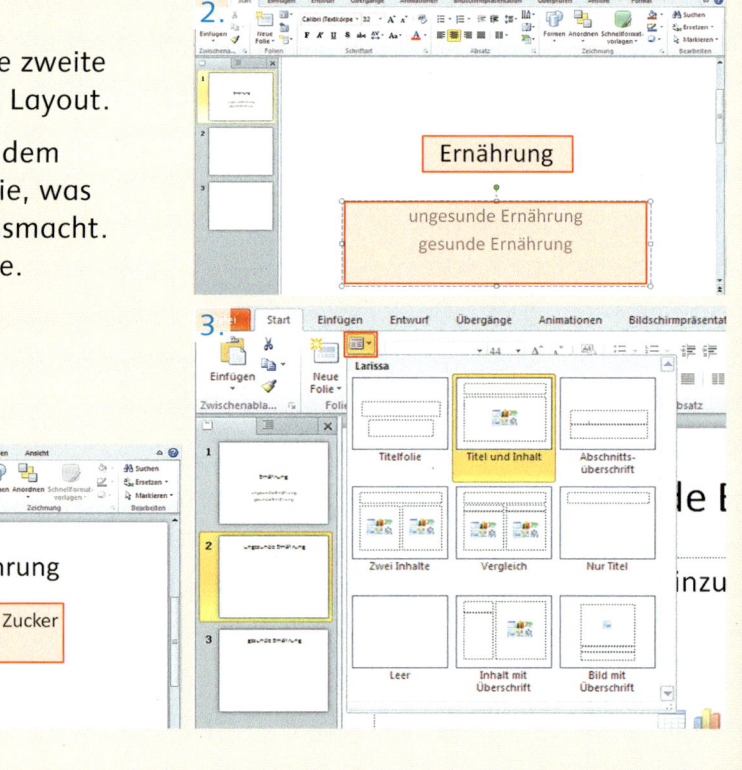

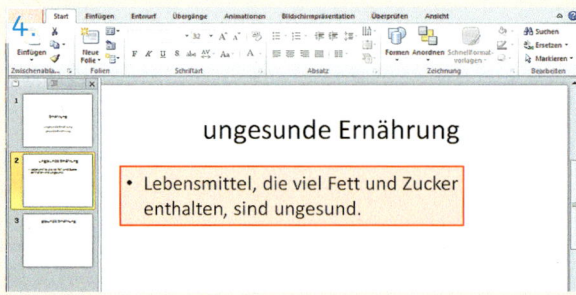

2 Du kannst deine Präsentation zusätzlich mit Bildern auflockern und so für den Zuhörer interessanter gestalten.

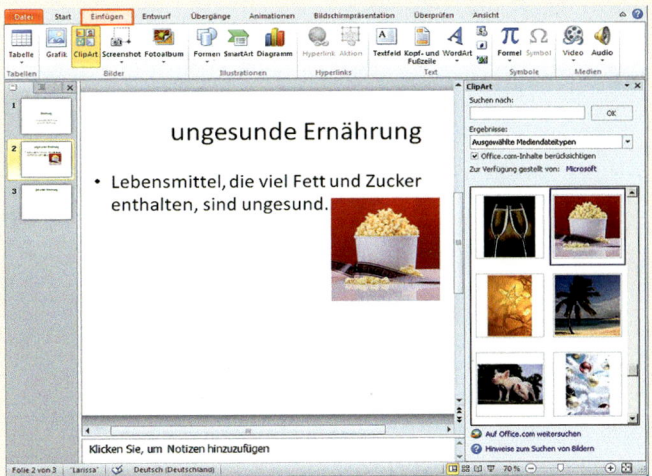

a) Klicke unter „Einfügen" auf die Taste „ClipArt". Was passiert? Beschreibe.

b) Suche dir aus der Liste ein passendes Bild aus. Durch Doppelklicken kannst du das Bild einfügen.

c) Klicke das Bild auf der Folie an und verändere die Größe und die Position des Bildes.

d) Füge auch auf den anderen Folien Bilder ein.

e) Du kannst auch durch Anklicken der Taste „Grafik" Bilder einfügen. Finde mit einem Partner heraus, wie das geht.

3 Lege fest, wie die Folien deiner Präsentation angezeigt werden sollen, und starte deine Präsentation.

a) Klicke auf „Übergänge". Probiere verschiedene Übergänge und wähle einen aus. Klicke auf „Vorschau" und schau dir dein Ergebnis an.

b) Klicke unter „Bildschirmpräsentation" auf „Von Beginn an" und starte die Präsentation.

4 Die wichtigste Regel für Präsentationen lautet: **Weniger ist mehr!**

a) Diskutiert über diese Regel.

b) Erstellt in Partnerarbeit eine Präsentation zu weiteren Regeln.

> Regeln zu:
> – Schriftgröße
> – Schriftfarbe
> – Bildern
> – ...

5 a) Erstelle mit einem Partner eine eigene Präsentation zum Thema „Ernährung".

b) Übt eure Präsentation, bevor ihr sie in der Klasse vortragt. Achtet auf folgende Hinweise:

> Denkt an den Stichpunktzettel.

> Erzählt mehr, als auf den Folien abgebildet ist.

> Achtet darauf, dass der gesprochene Text zur gezeigten Folie passt.

> Sprecht zum Publikum.

Rund um den Roller

1 a) Erzähle.

Ich habe 1325 € gespart und möchte mir einen Roller kaufen.

Denke an die Versicherungskosten von etwa 60 € pro Jahr, die Kosten für Benzin und Reparaturen und an dein monatliches Taschengeld von 40 €.

Zuzüglich 129,99 € für eine Drosselung auf 25 km/h!

Hast du an Helm, Jacke und Handschuhe gedacht?

999,99 €   1299,99 €   799,99 €

b) Informiert euch über die anfallenden Kosten. Übertragt die Tabelle ins Heft und ergänzt sie.

c) Unterscheidet zwischen „einmaligen Kosten" und „laufenden Kosten", indem ihr in der Tabelle die Kosten mit verschiedenen Farben markiert.

d) Welchen gedrosselten Roller kann sich Tim leisten?

e) Wie viel Geld müsste Tim zur Verfügung haben, um sich den teuersten Roller leisten zu können?

Kosten für ...	unterteilt in ...	Betrag in €
Anschaffung	Kaufpreis	999,99
	Helm	▨
	Jacke	▨
	...	...
Unterhalt	Versicherung	▨
	Reparaturen	▨
	Benzin	▨
	...	...

2 Für welche Versicherung würdet ihr euch entscheiden? Begründet mit einer Rechnung.

Haftpflichtversicherung mit 100 Mio. € Deckungssumme

Angebot 1
Fahrer unter 23 J.: jährlich 69,95 €
Fahrer über 23 J.: jährlich 58,95 €

Angebot 2
Fahrer unter 23 J.: monatlich 5,20 €
Fahrer über 23 J.: monatlich 4,99 €

3

Tankinhalt 5,5 l
Verbrauch 2,7 l auf 100 km

Tankinhalt 5,7 l
Verbrauch 2,6 l auf 100 km

a) Welche Strecke könnte man jeweils mit einer Tankfüllung zurücklegen?

b) Welchen Einfluss hat der Fahrstil auf den Kraftstoffverbrauch? Diskutiert.

Rund ums Auto

1

Nur 99 € pro Monat. Das ist nicht teuer.

Aber denke an die Zusatzkosten.

Ich habe einen Kostencheck erstellt, damit Sie wissen, was auf Sie monatlich zukommt.

Kosten pro Monat	Betrag
Leasingrate	99 €
Versicherung (Mann, 19 Jahre)	395 €
Kfz-Steuer	5 €
Wartung	19 €
Benzin (ø 7,2 l)	100 €

a) Mert verdient im dritten Ausbildungsjahr als Bäcker 620 € netto pro Monat. Kann sich Mert das Auto leisten? Begründe anhand einer Rechnung.

b) Merts Eltern bieten an, bis zum Ende der Ausbildung die Kosten für Steuer und Versicherung zu übernehmen. Kann sich Mert nun das Auto leisten? Begründe.

c) Noch wohnt Mert bei seinen Eltern. Er möchte aber demnächst mit seiner Freundin Jasmin zusammenziehen. Sollte Mert das Auto nehmen? Diskutiert.

2 Jasmin möchte sich ihr erstes eigenes Auto kaufen. Bisher konnte sie 1 000 € sparen. Sie verdient im dritten Ausbildungsjahr als Friseurin 395 € netto pro Monat. Durchschnittlich gibt sie im Monat 55 € für Kleidung und Freizeit aus, 130 € für ihr WG-Zimmer und etwa 135 € für Lebensmittel.

a) Stellt Jasmins finanzielle Situation übersichtlich in einer Tabelle dar.

b) Im Internet sieht Jasmin folgendes Angebot:

> **Auto mit 130.000 km**, 10 Jahre alt, 65 PS, schwarz metallic, Durchschnittsverbrauch 8,2 l (Benzin), Finanzierung wie folgt möglich: Anzahlung: 700 €; 12 Monatsraten je 39 €, Abschlussrate: 275 €.

Einnahmen/ Ausgaben	unterteilt in …	Betrag in €
Kapital	Ersparnis	1 000
Einnahmen	Gehalt	
monatliche Ausgaben	Kleidung/ Freizeit, …	
Anschaffung		
Unterhalt		
…	…	…

c) Jasmin überlegt: „Wenn ich so viel Geld für ein Auto ausgebe, bleibt nur wenig übrig, um auszugehen. Ich könnte auch meinen Roller behalten." Erweitert die Tabelle aus Aufgabe a) um eine Spalte und tragt dort die Unterhaltskosten für einen Roller ein. Verwendet die Werte von Seite 162.

d) Wofür würdet ihr euch entscheiden – den Roller oder das Auto? Diskutiert.

Altersvorsorge

1

Sollte man für die Rente im Alter sparen oder genügt die gesetzliche Rente? Diskutiert.

2 Die Wertetabelle zeigt die Entwicklung der gesetzlichen Nettorente eines Durchschnittsverdieners nach 45 Versicherungsjahren. Die Prozentwerte beziehen sich auf den Netto-Durchschnittsverdienst eines Arbeitnehmers im gleichen Jahr.

Jahr	1980	1990	2000	2010	2020	2030
gesetzliche Rente in % vom Durchschnittsverdienst	57,6	55,0	52,9	51,6	48,0	43,0

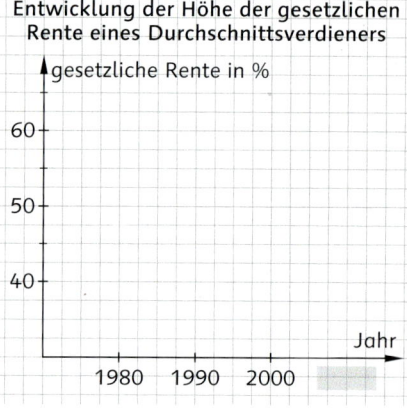

a) Beschreibe die Tabelle. Zeichne danach ein Koordinatensystem und trage die Daten zur Entwicklung der Höhe der gesetzlichen Rente ein.

b) Untersuche den Graphen. Welche Veränderungen kannst du ablesen? Welche Gründe haben diese Veränderungen? Vermute.

3 Welche Möglichkeiten einer zusätzlichen privaten Altersvorsorge gibt es? Recherchiere.

4 Jasmin verdient als Azubi im Friseursalon 5 950 € brutto pro Jahr. Sie möchte eine Riester-Rente abschließen. Hierzu muss sie jährlich einen Beitrag von 4 % ihres Brutto-Jahreseinkommens abzüglich einer staatlichen Zulage von 154 € bezahlen. Wie hoch ist der monatliche Beitrag, den Jasmin in die Versicherung einzahlt?

5 Frau Schlau muss bis zum Erreichen des Rentenalters noch 10 Jahre arbeiten. Als Altersvorsorge zahlt sie 10 000 € auf ein Sparkonto ein. Hierfür bekommt Frau Schlau jährlich 1,5 % Zinsen. Wie viel Geld hat sie nach 10 Jahren auf ihrem Konto, wenn sie kein Geld abhebt, aber auch kein Geld mehr einzahlt?

Kaufkraft und Kaufkraftverlust

1

a) Vermute, wie viele Kugeln Eis Ling-Ling 2020 für 5 € bekommen wird?

b) Erkläre anhand des Beispiels, was unter den Begriffen Kaufkraft und Kaufkraftverlust zu verstehen ist.

2 In Deutschland verliert das Geld jedes Jahr etwa 2 % an Kaufkraft. Das bedeutet, man bekommt weniger für das gleiche Geld, weil alles pro Jahr etwa um 2 % teurer wird. Gleichzeitig steigt aber auch das Einkommen mit den Jahren.

> Wenn die Kaufkraft des Geldes sinkt, spricht man von **Inflation**.

a) Erkläre den beschriebenen Rechenweg.

> Preissteigerung um 2 % bei einem alten Preis von 50 €:
> 100 % + 2 % = 102 %
> **Prozentfaktor**: 102 % entspricht **1,02**
> neuer Preis: 50 € · **1,02** = 51 €

> **Tipp:** Schlage zum vermehrten Grundwert im Buch auf Seite 76 nach.

b) Wie viel würde ein Brot in einem Jahr kosten, wenn es heute 3,75 € kostet? Runde sinnvoll.

c) Wie viel würde ein Fahrrad in zwei Jahren kosten, wenn es heute 458 € kostet? Runde sinnvoll. Worauf musst du beim Rechnen achten? Notiere.

3 Familie Köser zahlt monatlich für die Warmmiete 716 €, für Strom 83 € und für den Rundfunkbeitrag und den Kabelanschluss 36,88 €.

a) Wie viel würde Familie Köser in einem Jahr bezahlen, wenn man von einer Preissteigerung von 2 % ausgeht?

b) Wie viel würde die Familie in fünf Jahren bezahlen, wenn man ebenfalls von einer jährlichen Preissteigerung von 2 % ausgeht?

4 Durch die Inflation verliert auch gespartes Geld an Kaufkraft. Welche Kaufkraft hätte das von Frau Schlau gesparte Geld nach 10 Jahren, wenn die jährliche Preissteigerung 2 % betragen würde? Rechne mit dem Ergebnis aus Aufgabe **5** auf Seite 164.

Bist du fit?

Ich habe mir gestern noch einmal die Formelsammlung angeschaut.

Ich muss darauf achten, mir die Zeit richtig einzuteilen.

1 Ihr habt auf den Seiten 38, 70, 102 und 134 einige Strategien für schriftliche Prüfungen und die Abschlussarbeit geübt.

a) Notiert zu jeder Strategie ein bis zwei Stichworte.

b) Markiert in einer Farbe die Strategien, die ihr bereits regelmäßig in Klassenarbeiten anwendet, und in einer anderen Farbe die Strategien, die ihr noch üben müsst.

c) Legt fest, welche Strategien ihr beim Bearbeiten der Aufgaben **2** bis **9** noch einmal besonders üben wollt.

> Wenn ich alle geübten Strategien in der Abschlussarbeit anwende, kann ich sicher sein, dass ich meine bestmögliche Leistung zeigen kann.
> Dank einer guten Vorbereitung bin ich ruhiger und sicherer. Außerdem kann ich durch die geübten Strategien meine Zeit besser einteilen und mehr Punkte erreichen.

2 Berechne.

a) $23 + 15 \cdot 4 - 2$
$(500 + 3) \cdot 6$
$7 \cdot 7 - 8 \cdot 2$

b) $(26 - 3 \cdot 4) + 10$
$9 \cdot (8 + 12) - 25$
$455 + 122 + 245$

3 Berechne.

a) $3\frac{7}{12} - 1\frac{3}{10}$
$\frac{4}{9} \cdot \frac{15}{28}$

b) $\frac{5}{7}$ von 420 ml
$\frac{2}{3}$ von 192 kg

4 Berechne …

a) den Flächeninhalt.

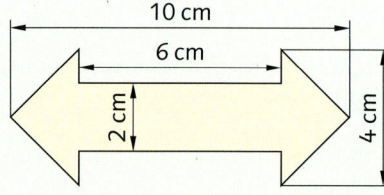

b) das Volumen.

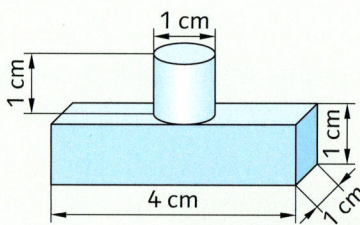

5 Die Klasse 10 b wählt zwei neue Klassensprecher. Vier Jugendliche haben sich zur Wahl gestellt.

a) Notiere alle möglichen Kombinationen.

b) Wie viele Kombinationsmöglichkeiten gibt es, wenn je ein Junge und ein Mädchen Klassensprecher sein sollen?

BEN
ANNA
JURI
LISA

6 Herr Wagner hat eine Schrittlänge von 85 cm. Sein Schrittzähler hat an einem Tag 1 500 Schritte gezählt. Lena hat eine Schrittlänge von 75 cm.
Wie viele Schritte müsste sie machen, um dieselbe Strecke zurückzulegen?

7 Berechne jeweils die Zinsen, die nach einem Jahr und nach einem Monat angefallen sind.

	Kapital K	Zinssatz p%	Zinsen Z nach ... 1 Jahr	Zinsen Z nach ... 1 Monat
a)	1 500 €	2,3 %		
b)	17 000 €	1,8 %		
c)	350 €	2,1 %		
d)	52 000 €	1,6 %		
e)	15 650 €	2,2 %		

8 Bei welcher Darstellung handelt es sich um eine lineare Funktion? Begründe.

a)

x	0	1	2	3
y	3	4	5	6

b) y = 2x

c)

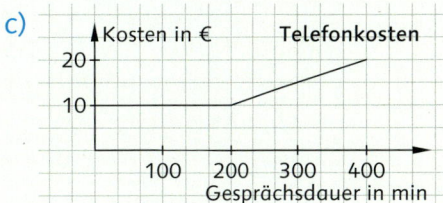

9 Sonnenstunden und Maximaltemperatur auf Ibiza (Spanien)

a) Lies die Anzahl der Sonnenstunden auf Ibiza ab und erstelle eine Wertetabelle.

b) Zeichne zu der unten abgebildeten Werte-tabelle zur Maximaltemperatur auf Ibiza ein passendes Liniendiagramm.

c) In welchen Monaten sollte man nach Ibiza fliegen?
  – Frau Meier möchte ihren Urlaub auf Ibiza bei Temperaturen unter 20 °C verbringen.
  – Lena und Lisa möchten möglichst viele Sonnenstunden am Strand verbringen.

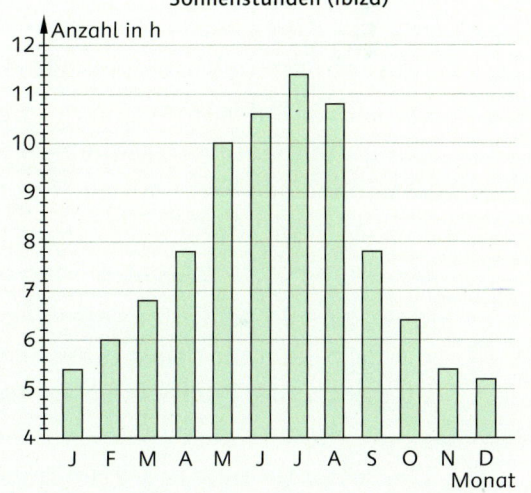

Sonnenstunden (Ibiza)

Monat	J	F	M	A	M	J	J	A	S	O	N	D
max. Temp. in °C	14,6	14,6	16,4	18,6	22,2	25,6	28,4	28,6	27,0	22,7	18,6	16,0

10 a) Besprich dich mit einem Partner: Wie verändert sich deine Prüfungsvorbereitung durch das Üben der Strategien? Wie verändert sich dein Gefühl für die Abschluss-arbeit durch das Üben der Strategien?

b) Überlegt gemeinsam: Welche der Strategien lassen sich auch auf andere Fächer übertragen?

c) Erstellt ein Lernplakat zu den Strategien für schriftliche Prüfungen.

Mathe mit Methode: Zusammenfassung

Formeln richtig verwenden (Seiten 52/53)

In vielen mathematischen Rechnungen werden Formeln verwendet. Nicht alle Formeln kannst du auswendig lernen und dir merken. Eine Formelsammlung hilft dir, die richtige Formel zu finden. Manchmal musst du eine Formel nach dem gesuchten Wert umstellen. Im Arbeitsheft findest du eine **Formelsammlung**. Zusätzlich kannst du die **Karteikarten** nutzen.

Was ist eine Fermi-Aufgabe? (Seiten 17, 45, 81, 115, 120, 143)

Enrico Fermi war ein Wissenschaftler, der seinen Schülern besondere Aufgaben zum Rechnen gab. Das Besondere an seinen Aufgaben war, dass sie kaum genau gelöst werden konnten. Daher konnte es zu verschiedenen richtigen Lösungen kommen, je nachdem welche Zahlen für die Aufgaben ausgewählt wurden. Er wollte, dass sich die Schüler vorher genau überlegen, welche Zahlen zur Aufgabe passen und wie sie damit rechnen müssen.
Du musst bei Fermi-Aufgaben also zuerst überlegen, welche Zahlen zur Aufgabe passen und wie gerechnet werden soll.

Präsentation mit Tabellenkalkulation (Seiten 86/87)

Du kennst Präsentationen aus dem Unterricht. Zur Unterstützung kannst du auch einen Computer benutzen. Mit einem Tabellenkalkulationsprogramm lassen sich anschaulich verschiedene Werte darstellen und berechnen.

Diagramme für Präsentationen nutzen (Seiten 112/113)

Um deine Präsentation oder deinen Vortrag anschaulicher zu gestalten, kannst du Daten, die du zeigen möchtest, übersichtlich in Diagrammen darstellen. Diese Diagramme kannst du ganz einfach mit einem Tabellenkalkulationsprogramm erzeugen.

Ein Präsentationsprogramm nutzen (Seiten 160/161)

Um eine Präsentation anschaulich zu gestalten, kannst du ein Präsentationsprogramm nutzen. Dabei werden die Inhalte deiner Präsentation auf einzelne leicht zu gestaltende Seiten, die auch Folien genannt werden, geschrieben.

Think – Pair – Share (Seiten 20, 22, 65, 67, 69, 86)

Mit dieser Methode übst du, anderen deine Überlegungen zur Lösung einer Aufgabe mitzuteilen und dich mit anderen auf eine gute Lösung zu einigen.
Think – Ich arbeite alleine und mache mir Notizen zu meinem Lösungsweg.
Pair – Ich tausche mich mit einem Partner aus.
Share – Wir diskutieren in einer Gruppe. Unseren gemeinsamen Lösungsweg stellen wir in der Klasse vor.

Klick! Mathematik 10

Herausgegeben von
Daniel Jacob, Oldenburg; Petra Kühne, Schildow; Markus Ledebur, Bad Zwischenahn

Erarbeitet von
Daniel Jacob, Oldenburg; Elisabeth Jenert, Otzberg; Petra Kühne, Schildow; Markus Ledebur, Bad Zwischenahn; Florian Plattner, Wahnbek;
Sebastian Schönthaler, Kaiserslautern; Naveen Schwind, Boppard-Buchholz; Christina Wolf, Oldenburg

Unter Beratung von
Bärbel Becher, Karlsbad (Baden); Dr. Thomas Breucker, Dortmund; Dr. Stefanie Breuers, Hilden; Daniela Buss, Steyerberg;
Hanne Frohberg, Stuttgart; Birgit Leuermann, Dortmund; Daniela Linde, Wandlitz; Cornelia Michalski, Leipzig;
Dr. Axel Mittelberg, Osnabrück; Erik Röhrich-Zorn, Gau-Odernheim; Kati Steinecke, Saarbrücken

Redaktion: Nadja Diane, Inga Knoff, Jürgen Skrabal
Illustrationen: Timo Grubing, Bochum
Technische Zeichnungen: Christian Böhning, Berlin
Umschlaggestaltung: Klein & Halm, Grafikdesign, Berlin
Layout und technische Umsetzung: lernsatz.de

Bildnachweis:
S. 9: Fotolia/vladimirfloyd; S. 18: 1 Fotolia/industrieblick; 2 Fotolia/th-photo; S. 19: 1 Fotolia/Mixage; 2 Cornelsen Schulverlage GmbH;
S. 23: Schwind, N., Boppard-Buchholz; S. 28: 1 Fotolia/marcfotodesign; 2 Fotolia/Barbara Pheby; S. 31: Fotolia/MP2;
S. 32: 1–2 Schwind, N., Boppard-Buchholz; S. 33: 1–3 Schwind, N., Boppard-Buchholz; S. 36: 1 Fotolia/photo 5000; 2 Fotolia/Kadmy;
S. 44: 1 Fotolia/Stefan Schurr; 2 Fotolia/Kenishirotie; 3 Fotolia/fotos4people; 4 Fotolia/rdnzl; 5 Fotolia/A. Karnholz; S. 45: Fotolia/Fotimmz;
S. 47: 1 Fotolia/Nikokvfrmoto; 2 Fotolia/Carola Schubbel; S. 48: Fotolia/Peter Maszlen; S. 50: 1 Fotolia/ehrenberg-bilder; 2 Fotolia/Monkey
Business; S. 57: Fotolia/dimedrol68; S. 58: 1 Fotolia/Kadmy; 2 Fotolia/viappy; S. 61: Fotolia/visdia; S. 67: Fotolia/PRILL Mediendesign;
S. 68: 1 Fotolia/Fotolia RAW; 2 Fotolia/Kzenon; S. 109: Cornelsen Schulverlage GmbH; S. 114: 1 Fotolia/by-studio; 2 Fotolia/Schlierner;
S. 124: 1 Fotolia/vaivirga; 2 Fotolia/awfoto; 3 Fotolia/donyanedoman; 4 Fotolia/Lucky Dragon; S. 126: Fotolia/Marén Wischnewski;
S. 127: Fotolia/Scott Prokop; S. 153: Fotolia/sharryfoto; S. 156: 1 Grubing T., Bochum; 2 Fotolia/Photodisc/CSV

www.cornelsen.de

1. Auflage, 3. Druck 2023

Alle Drucke dieser Auflage sind inhaltlich unverändert
und können im Unterricht nebeneinander verwendet werden.

© 2014 Cornelsen Schulverlage GmbH, Berlin
© 2020 Cornelsen Verlag GmbH, Berlin

Druck: Mohn Media Mohndruck, Gütersloh

ISBN 978-3-06-080565-5 (Schülerbuch)
ISBN 978-3-06-080583-9 (E-Book)

PEFC zertifiziert
Dieses Produkt stammt aus nachhaltig
bewirtschafteten Wäldern und kontrollierten
Quellen.

www.pefc.de

PEFC/04-31-1033

Mathe-Lexikon

Rechenbegriff	Beispiel	Erklärung
addieren	$75 + 63 = 138$	Summand + Summand = Summe
subtrahieren	$78 - 12 = 66$	Minuend − Subtrahend = Differenz
multiplizieren	$7 \cdot 12 = 84$	Faktor · Faktor = Produkt
dividieren	$42 : 7 = 6$	Dividend : Divisor = Quotient
Vielfache	Vielfache von 5: 5, 10, 15, 20 …	Vielfache einer Zahl ergeben sich aus der Multiplikation dieser Zahl mit einer anderen Zahl.
Teiler	Teiler von 12: 1, 2, 3, 4, 6, 12	Ist eine Zahl ohne Rest durch eine andere teilbar, dann ist sie ein Teiler dieser Zahl.
Potenz	$4^5 = 4 \cdot 4 \cdot 4 \cdot 4 \cdot 4$	Kurzschreibweise für mehrmalige Multiplikation mit dem gleichen Faktor
Term	$7 \cdot 9, 5x + 9, (2 + a) : 3$	Ein sinnvoller mathematischer Rechenausdruck ist ein Term.
Gleichung	$2a + 5 = 15$	zwei Terme, die durch ein Gleichheitszeichen verbunden sind
Rechenregeln		
KLAPS-„Regel"	$4 + (6 + 9) \cdot 3 = 49$ $4 + \quad 15 \quad \cdot 3 = 49$ $4 + \quad\quad 45 \quad = 49$	1. Zuerst die Klammer ausrechnen 2. Punktrechnung vor Strichrechnung
Kommutativgesetz	$9 + 4 = 4 + 9$ $8 \cdot 3 = 3 \cdot 8$	Vertauschungsgesetz: Beim Addieren und Multiplizieren darf man Zahlen beliebig vertauschen. Das Ergebnis bleibt gleich.
Assoziativgesetz	$8 + 3 + 4 = 8 + (3 + 4)$ $3 \cdot 5 \cdot 2 = 3 \cdot (5 \cdot 2)$	Verbindungsgesetz: Beim Addieren und Multiplizieren darf man die Zahlen beliebig durch Klammern verbinden. Das Ergebnis bleibt gleich.
Distributivgesetz	$5 \cdot (20 + 7) = 5 \cdot 20 + 5 \cdot 7$	Verteilungsgesetz: Eine Zahl wird mit einer Summe multipliziert, indem man jeden Summanden mit dieser Zahl multipliziert und die Produkte dann addiert.
Brüche		
Zähler	$\frac{3}{4}$	Der Zähler zählt die Bruchteile: 3 Teile
Nenner	$\frac{3}{4}$	Der Nenner nennt alle Teile des Ganzen: 4 Teile
gemischte Zahl	$\frac{9}{4} = 2\frac{1}{4}$	Ist ein Bruch größer als ein Ganzes, kann er als gemischte Zahl geschrieben werden.
gleichnamige Brüche	$\frac{1}{8}, \frac{3}{8}, \frac{6}{8}$ …	Brüche mit demselben Nenner
gemeinsamer Nenner	$\frac{6}{8} - \frac{1}{8} = \frac{5}{8}$	Beim Addieren und Subtrahieren mit ungleichnamigen Brüchen muss der gemeinsame Nenner bestimmt werden.
Hundertstelbruch	$\frac{68}{100}$	Bruch mit dem Nenner 100
Dezimalbruch/ Dezimalzahl	$\frac{8}{10} = 0{,}8$	Bruch in Dezimalschreibweise (Zahlen mit einem Komma)
Prozente		
Anteil	6 von $12 = \frac{6}{12}$	Ein Teil von einem Ganzen ist ein Anteil. Ein Bruch ist eine vereinfachte Schreibweise für einen Anteil.
Prozent, Zeichen „%"	$25\% = \frac{25}{100}$ 25 von 100	Um Anteile miteinander vergleichen zu können, werden sie in Prozent („von hundert") angegeben. 25 Prozent (25 %) heißt der Anteil 25 von 100.